土建工程师必备技能系列丛书

建筑施工常用规范重点条文解析与应用

（第二版）

赵志刚　何　杰　主编

中国建筑工业出版社

图书在版编目（CIP）数据

建筑施工常用规范重点条文解析与应用/赵志刚，何
杰主编. —2版. —北京：中国建筑工业出版社，2019.3（2022.10 重印）
（土建工程师必备技能系列丛书）
ISBN 978-7-112-23344-1

Ⅰ.①建… Ⅱ.①赵… ②何… Ⅲ.①建筑工程-工
程施工-建筑规范-中国 Ⅳ.①TU711-65

中国版本图书馆 CIP 数据核字（2019）第 032986 号

本书根据筑龙教育频道畅销课程，按照最新国家标准和行业标准整理而成，内容共分 6 章，包括：与混凝土施工有关的规范（规程）；与钢筋施工有关的规范（图集、规程）；与模板有关的规范；与防水施工有关的规范；与装修施工有关的规范；其他较重要的规范。本书详细讲解了建筑施工中常用规范的重点条文，重点突出、针对性好、实战性强，可供建筑行业技术管理人员学习使用。

责任编辑：王华月 张 磊
责任校对：芦欣甜

土建工程师必备技能系列丛书
建筑施工常用规范重点条文解析与应用（第二版）
赵志刚 何 杰 主编
*
中国建筑工业出版社出版、发行（北京海淀三里河路 9 号）
各地新华书店、建筑书店经销
霸州市顺浩图文科技发展有限公司制版
北京建筑工业印刷厂印刷
*
开本：787×1092 毫米 1/16 印张：16¼ 字数：402 千字
2019 年 5 月第二版 2022 年 10 月第八次印刷
定价：**49.00** 元
ISBN 978-7-112-23344-1
（33615）

本书编委会

主　　编：赵志刚　何　杰

副主编：史　杰　陆总兵　田敬尚　林　伟　蒋贤龙　王凤起

参编人员：吴建军　熊　玮　康馨艺　戴鹏祥　杨云涛　刘瑞斌

　　　　　刘春佳　张志江　曹　勇　张亚狄　朱晓岚　严冬水

　　　　　高　军　王　彬　薛　俞　赵冰杰　付金祥　吴上海

　　　　　范庆华　陈艳山　周福彬

前　言

　　土建工程师必备技能系列丛书自出版以来深受广大建筑业从业人员喜爱。本次修订在原版基础上删除了一部分理论知识及落后的规范条文解析，增加了一部分最新出版的规范内容，书籍更加贴近施工现场，更加符合施工实战。能更好的为高职高专、大中专土木工程类及相关专业学生和土木工程技术与管理人员服务。

　　此书具有如下特点：

　　1. 图文并茂，通俗易懂。书籍在编写过程中，以文字介绍为辅，以大量的施工实例图片为主，系统地对施工过程中规范条文的应用进行详细地介绍和说明，文字内容和施工实例图片直观明了、通俗易懂。

　　2. 紧密结合现行建筑行业规范、标准及图集进行编写，编写重点突出，内容贴近实际施工需要，是施工从业人员不可多得的施工作业手册。

　　3. 通过对本书地学习和掌握，即可独立进行房建工程质量控制与验收作业，做到真正的现学现用，体现本书所倡导的培养建筑应用型人才的理念。

　　4. 本次修订编辑团队更加强大，主编及副主编人员全部为知名企业高层领导，施工实战经验非常丰富，理论知识特别扎实。

　　本书由华润置地建设事业部赵志刚担任主编，由北京城建七建设工程有限公司何杰担任第二主编；由山西三建集团有限公司史杰、南通新华建筑集团有限公司陆总兵、浙江省地矿建设有限公司田敬尚、浙江省地矿建设有限公司林伟、晟元集团有限公司蒋贤龙、中国建筑业协会王凤起担任副主编。本书编写过程中难免有不妥之处，欢迎广大读者批评指正，意见及建议可发送至邮箱 bwhzj1990@163.com。

2019 年 3 月

目　　录

1 与混凝土施工有关的规范（规程）

1.1 混凝土结构工程施工规范

1.1.1 水泥的选用

我国建筑工程中常用的是通用硅酸盐水泥。国家标准《通用硅酸盐水泥》GB 175—2007/XG2—2015 规定，按混合材料的品种和掺量，通用硅酸盐水泥可分为硅酸盐水泥、普通硅酸盐水泥、矿渣硅酸盐水泥、火山灰质硅酸盐水泥、粉煤灰硅酸盐水泥和复合硅酸盐水泥（表 1-1）。

通用硅酸盐水泥的代号和强度等级　　　　　　　　表 1-1

水泥名称	简称	代号	强度等级
硅酸盐水泥	硅酸盐水泥	P·Ⅰ、P·Ⅱ	42.5、42.5R、52.5、52.5R、62.5、62.5R
普通硅酸盐水泥	普通水泥	P·O	42.5、42.5R、52.5、52.5R
矿渣硅酸盐水泥	矿渣水泥	P·S·A、P·S·B	32.5、32.5R、42.5、42.5R、52.5、52.5R
火山灰质硅酸盐水泥	火山灰水泥	P·P	
粉煤灰硅酸盐水泥	粉煤灰水泥	P·F	
复合硅酸盐水泥	复合水泥	P·C	32.5R、42.5、42.5R、52.5、52.5R

注：强度等级中，R 表示早强型。

（1）常用水泥的技术要求

1）凝结时间

水泥的凝结时间分为初凝时间和终凝时间。初凝时间是从水泥加水拌合起至水泥浆开始失去可塑性所需的时间；终凝时间是从水泥加水拌合起至水泥浆完全失去可塑性并开始产生强度所需的时间。国家标准规定，六大常用水泥的初凝时间均不得短于 45min，硅酸盐水泥的终凝时间不得长于 6.5h，其他五类常用水泥的终凝时间不得长于 10h。

2）体积安定性

水泥的体积安定性是指水泥在凝结硬化过程中，体积变化的均匀性。如果水泥硬化后产生不均匀的体积变化，即所谓体积安定性不良，就会使混凝土构件产生膨胀性裂缝，降低建筑工程质量，甚至引起严重事故。因此，施工中必须使用安定性合格的水泥。

3）强度和强度等级

国家标准规定，采用胶砂法来测定水泥的 3d 和 28d 的抗压强度和抗折强度，根据测定结果来确定该水泥的强度等级。

4）其他技术要求

其他技术要求包括标准稠度用水量、水泥的细度及化学指标。

（2）常用水泥的特性及应用

1）六大常用水泥的主要特征见表 1-2。

常用水泥的主要特性 表 1-2

硅酸盐水泥	普通水泥	矿渣水泥	火山灰水泥	粉煤灰水泥	复合水泥
①凝结硬化快、早期强度高； ②水化热大； ③抗冻性好； ④耐热性差； ⑤耐蚀性差； ⑥干缩性较小	①凝结硬化较快、早期强度较高； ②水化热较大； ③抗冻性较好； ④耐热性较差； ⑤耐蚀性较差； ⑥干缩性较小	①凝结硬化慢、早期强度低，后期强度增长较快； ②水化热较小； ③抗冻性差； ④耐热性好； ⑤耐蚀性较好； ⑥干缩性较大； ⑦泌水性大、抗渗性差	①凝结硬化慢、早期强度低，后期强度增长较快； ②水化热较小； ③抗冻性差； ④耐热性较差； ⑤耐蚀性较好； ⑥干缩性较大； ⑦抗渗性较好	①凝结硬化慢、早期强度低，后期强度增长较快； ②水化热较小； ③抗冻性差； ④耐热性较差； ⑤耐蚀性较好； ⑥干缩性较小； ⑦抗裂性较高	①凝结硬化慢、早期强度低，后期强度增长较快； ②水化热较小； ③抗冻性差； ④耐蚀性较好； ⑤其他性能与所掺入的两种或两种以上混合材料的种类、掺量有关

2）在混凝土工程中，根据使用场合、条件的不同，可选择不同种类的水泥，具体可参考表 1-3。

常用水泥的选用 表 1-3

混凝土工程特点或所处环境条件		优先选用	可以使用	不宜使用
环境条件	在普通气候环境中的混凝土	普通水泥	矿渣水泥、火山灰水泥、粉煤灰水泥、复合水泥	
	在干燥环境中的混凝土	普通水泥	矿渣水泥	火山灰水泥、粉煤灰水泥
	在高湿度环境中或长期处于水中的混凝土	矿渣水泥、火山灰水泥、粉煤灰水泥、复合水泥	普通水泥	
	厚大体积的混凝土	矿渣水泥、火山灰水泥、粉煤灰水泥、复合水泥		硅酸盐水泥
工程特点	要求快硬的混凝土	硅酸盐水泥	普通水泥	矿渣水泥、火山灰水泥、粉煤灰水泥、复合水泥
	高强（大于 C60）的混凝土	硅酸盐水泥	普通水泥、矿渣水泥	火山灰水泥、粉煤灰水泥
	严寒地区的露天的混凝土，寒冷地区的处在水位升降范围内的混凝土	普通水泥	矿渣水泥	火山灰水泥、粉煤灰水泥
	严寒地区处在水位升降范围内的混凝土	普通水泥（≥42.5 级）		矿渣水泥、火山灰水泥、粉煤灰水泥、复合水泥
	有抗渗性要求的混凝土	普通水泥、火山灰水泥		矿渣水泥
	有耐磨性要求的混凝土	硅酸盐水泥、普通水泥	矿渣水泥	火山灰水泥、粉煤灰水泥
	受侵蚀介质作用的混凝土	矿渣水泥、火山灰水泥、粉煤灰水泥、复合水泥		硅酸盐水泥

注：1. 蒸汽养护时用的水泥品种，宜根据具体条件通过试验确定。

2. 复合硅酸盐水泥选用应根据其混合材的比例确定。

1.1.2 粗骨料的选用

粗骨料宜选用粒形良好、质地坚硬的洁净碎石或卵石，并应符合下列规定：最大粒径不应超过构件截面最小尺寸的 1/4，且不应超过钢筋最小净间距的 3/4；对实心混凝土板，粗骨料的最大粒径不宜超过板厚的 1/3，且不应超过 40mm。粗骨料宜采用连续粒级，也可用单粒级组合成满足要求的连续粒级；含泥量、泥块含量指标应符合《混凝土结构工程施工规范》GB 50666—2011 附录 F 规定。

1.1.3 细骨料的选用

细骨料宜选用级配良好、质地坚硬、颗粒洁净的天然砂或机制砂，并应符合下列规定：细骨料宜选用 Ⅱ 区中砂；当选用 Ⅰ 区砂时，应提高砂率。并应保持足够的胶凝材料用量，满足混凝土的工作性要求；当采用 Ⅲ 区砂时，宜适当降低砂率。混凝土细骨料中氯离子含量应符合下列规定：对钢筋混凝土，按干砂的质量百分率计算不得大于 0.06%；对预应力混凝土，按干砂的质量百分率计算不得大于 0.02%；含泥量、泥块含量指标应符合 GB 50666—2011 附录 F 规定；海砂应符合现行行业标准《海砂混凝土应用技术规范》JGJ 206—2010 的有关规定，未经处理的海水严禁用于钢筋混凝土和预应力混凝土拌制和养护。

1.1.4 外加剂的选用

外加剂是在混凝土拌合前或拌合时加入，掺量一般不大于水泥质量的 5%（特殊除外），并能按要求改善混凝土性能的物质。各种混凝土外加剂的应用改善了新拌合混凝土的性能，促进了混凝土新技术的发展，促进了工业副产品在胶凝材料系统中更多地应用，有助于节约资源和环境保护，已经逐步成为优质混凝土必不可少的材料。

（1）混凝土外加剂的分类

混凝土外加剂种类繁多，功能多样，可按其主要使用功能分为以下四类：

1）改善混凝土拌合物流变性能的外加剂。包括各种减水剂、引气剂和泵送剂等。

2）调节混凝土凝结时间、硬化性能的外加剂。包括缓凝剂、早强剂和速凝剂等。

3）改善混凝土耐久性的外加剂。包括引气剂、防水剂和阻锈剂等。

4）改善混凝土其他性能的外加剂。包括膨胀剂、防冻剂、着色剂、防水剂和泵送剂等。

（2）外加剂的选用

目前建筑工程中应用较多和较成熟的外加剂有减水剂、早强剂、缓凝剂、引气剂、膨胀剂、防冻剂等。

1）混凝土中掺入减水剂，若不减少拌合用水量，能显著提高拌合物的流动性；当减水而不减少水泥时，可提高混凝土强度；若减水的同时适当减少水泥用量，则可节约水泥。同时，混凝土的耐久性也能得到显著改善。

2）早强剂可加速混凝土硬化和早期强度发展，缩短养护周期，加快施工进度，提高模板周转率。多用于冬期施工或紧急抢修工程。

3）缓凝剂主要用于高温季节混凝土、大体积混凝土、泵送与滑模方法施工以及远距离运输的商品混凝土等，不宜用于日最低气温5℃以下施工的混凝土，也不宜用于有早强要求的混凝土和蒸汽养护的混凝土。缓凝剂的水泥品种适应性十分明显，不同品种水泥的缓凝效果不相同，甚至会出现相反的效果。因此，使用前必须进行试验，检测其缓凝效果。

4）引气剂是在搅拌混凝土过程中能引入大量均匀分布、稳定而封闭的微小气泡的外加剂。引气剂可改善混凝土拌合物的和易性，减少泌水离析，并能提高混凝土的抗渗性和抗冻性。同时，含气量的增加，混凝土弹性模量降低，对提高混凝土的抗裂性有利。由于大量微气泡的存在，混凝土的抗压强度会有所降低。引气剂适用于抗冻、防渗、抗硫酸盐、泌水严重的混凝土等。

1.1.5　混凝土配合比

所谓混凝土配合比是指混凝土中各组成材料之间的比例关系（见图1-1）。

图1-1　混凝土配合比报告

（1）混凝土配合比应根据原材料性能及对混凝土的技术要求（强度等级、耐久性和工作性等），由具有资质的实验室进行计算，并经试配、调整后确定。

（2）混凝土配合比应采用重量比。

（3）对采用搅拌运输车运输的混凝土，当运输时间可能较长时，试配时应控制混凝土坍落度经时损失值。

（4）试配掺外加剂的混凝土时，应采用工程使用的原材料，检测项目应根据设计及施工要求确定，检测条件应与施工条件相同，当工程所用原材料或混凝土性能要求发生变化时，应再进行试配试验。

1.1.6 混凝土的运输

（1）混凝土结构施工宜采用预拌混凝土，预拌混凝土要符合现行国家标准《预拌混凝土》GB/T 14902—2012 的规定，现场搅拌的混凝土宜采用具有自动计量装置的设备集中搅拌，同时搅拌机应符合现行国家标准《混凝土搅拌机》GB/T 9142—2000 的要求。混凝土运输宜采用搅拌运输车运输，运输车辆应符合国家规定，且保证运输过程中混凝土拌合物的均匀性和工作性；同时要采取连续供应的措施，以满足现场施工需要。

（2）接料前，搅拌运输车应排净罐内积水；在运输途中及等候卸料时，应保持搅拌运输车罐体正常转速，不得停转；卸料前，搅拌运输车罐体宜快速旋转搅拌 20s 以上后再卸料（见图 1-2）。

（3）采用预拌混凝土时，供方应提供混凝土配合比通知单、混凝土抗压强度报告、混凝土质量合格证和混凝土运输单；当需要其他资料时，供需双方应在合同中明确约定。预拌混凝土质量控制资料的保存期限，应满足工程质量追溯的要求。

（4）对于寒冷、严寒或炎热的天气情况，混凝土运输车的搅拌罐应有保温或隔热、降温措施，保证混凝土的入模温度符合要求（见图 1-3）。

图 1-2　混凝土运输及卸料　　　　　　图 1-3　混凝土运输车保温措施

1.1.7 商品混凝土的进场

（1）预拌混凝土进场时，供方应提供混凝土配合比通知单、混凝土抗压强度报告、混凝土质量合格证和混凝土运输单（其中混凝土抗压强度报告和混凝土质量合格证应在 32d 内补送）；当需要其他资料时，如混凝土氯化物和碱总量计算书、砂石碱活性试验报告等，供需双方应在合同中明确约定。预拌混凝土质量控制资料的保存期限，应满足工程质量追溯的要求。

（2）预拌混凝土进场，技术人员应对混凝土随车运输单内容进行检查，包括工程名称、施工部位、混凝土强度等级、抗渗等级、坍落度、出站时间等项目仔细核对，确认无误后方可进入浇筑区域。

（3）预拌混凝土进场、出场时宜对整车质量进行过磅，将数据记录在随车运输单上（见图 1-4）。

1.1.8 隐蔽工程验收

在混凝土结构施工过程中，对隐蔽工程（模板工程和钢筋工程）应进行验收，对重要工序和关键部位应加强质量检查或进行测试，并应做出详细记录，同时宜留存图像资料。施工中为各种检验目的所制作的试件应具有真实性和代表性，并应符合下列规定：所有试件均应及时进行唯一性标识；混凝土试件的抽样方法、抽样地点、抽样数量、养护条件、试验龄期应符合现行国家标准《混凝土结构工程施工质量验收规范》GB 50204—2015、《混凝土强度检验评定标准》GB/T 50107—2010 的规定；其制作要求、试验方法应符合现行国家标准《普通混凝土

混凝土运输车进场时宜随机对整车采用地磅称重，将数据记录于随车运输单上，抽磅结果作为混凝土结算的依据之一

图 1-4　混凝土进出场过磅

力学性能试验方法标准》GB/T 50081—2002 等的规定。混凝土结构工程施工中的安全措施、劳动保护、防火要求等，应符合国家现行有关标准的规定。

（1）当采用碗扣式、插接式和盘销式钢管架（见图 1-5）搭设模板支架时，应符合下列规定：碗扣架或盘销架的水平杆与立柱的扣接应牢靠，不应滑脱；立杆上的上、下层水平杆间距不应大于 1.8m；插入立杆顶端的可调托座伸出顶层水平杆的悬臂长度不应超过 650mm，螺杆插入钢管的长度不应小于 150mm，其直径应满足与钢管内径间隙不小于 6mm 的要求。架体最顶层的水平杆步距应比标准步距缩小一个节点间距；立柱间应设置专用斜杆或扣件钢管斜杆加强模板支架。

（2）当采用扣件式钢管作高大模板支架的立杆时（见图 1-6），支架搭设应完整，并应符合下列规定：钢管规格、间距和扣件应符合设计要求；立杆上应每步设置双向水平杆，水平杆应与立杆扣接；立杆底部应设置垫板。

立杆的纵、横向间距不应大于 1.2 m，立杆的步距不应大于 1.8m

立杆上的上、下层水平杆间距不应大于 1.8m

图 1-5　碗扣式、插接式和盘销式钢管架

立杆上的上、下层水平杆间距不应大于 1.8m

图 1-6　扣件式支架

（3）对大尺寸混凝土构件下的扣件式钢管支架，其立杆顶部应插入可调托座。可调托座螺杆外径不应小于 36mm，螺杆插入钢管的长度不应小于 150mm，螺杆伸出钢管的长度不应大于 300mm，可调托座伸出顶层水平杆的悬臂长度不应大于 500mm（见图 1-7）；立杆纵距、横距不应大于 1.2m，支架步距不应大于 1.8m；立杆纵向和横向应设置扫地杆，纵向扫地杆距立杆底部不宜大于 200mm；立杆的搭设垂直偏差不宜大于 1/200，且不宜大于 100mm；承受模板荷载的水平杆与支架立杆连接的扣件，其拧紧力矩不应小于 40N·mm，且不应大于 65N·mm。

（4）当采用门式钢管架搭设模板支架时（见图 1-8），应符合下列规定：支架应符合现行行业标准《建筑施工门式钢管脚手架安全技术规范》JGJ 128—2010 的有关规定；当支架高度较高或荷载较大时，宜采用主立杆钢管直径不小于 48mm 并有横杆加强杆的门架搭设。

图 1-7　扣件式钢管支架顶部做法

图 1-8　门式支架

1.1.9　混凝土输送方式

混凝土输送宜采用泵送方式（见图 1-9）。输送混凝土的管道、容器、溜槽不应吸水、漏浆，并应保证输送通畅。输送混凝土时应根据工程所处环境条件采取保温、隔热、防雨等措施。混凝土输送泵的选择及布置应符合下列规定：输送泵的选型应根据工程特点、混凝土输送高度和距离、混凝土工作性能确定；输送泵的数量应根据混凝土浇筑量和施工条件确定，必要时宜设置备用泵；输送泵设置的位置应满足施工要求，场地应平整、坚实，道路应畅通；混凝土输送泵管的选择与支架的设置应符合下列规定：

（1）先湿润管道和活塞，然后输送砂浆润滑后开始输送混凝土（见图 1-10）。

（2）混凝土输送泵管应根据输送泵的型号、拌合物性能、总输出量、单位输出量、输送距离以及粗骨料粒径等进行选择。

（3）混凝土粗骨料最大粒径不大于 25mm 时，可采用内径不小于 125mm 的输送泵管；混凝土粗骨料最大粒径不大于 40mm 时，可采用内径不小于 150mm 的输送泵管。

混凝土拌合物入模温度不应低于 5℃，且不应高于35℃

混凝土运输、输送、浇筑过程中严禁加水；混凝土运输、输送、浇筑过程中散落的混凝土严禁用于结构浇筑

混凝土拌合物在满足施工要求的前提下，尽可能采用较小的坍落度；泵送混凝土拌合物坍落度设计值不宜大于180mm

泵送高强度混凝土的扩展度不宜小于500mm；自密实混凝土的扩展度不宜小于600mm(稠度用扩展度表示)

图 1-9　泵送混凝土浇筑　　　　图 1-10　混凝土浇筑前的润管工作

（4）输送泵管安装接头应严密，输送泵管转向宜平缓。

（5）输送泵管应采用支架固定，支架应与结构牢固连接，输送泵管转向处支架应加密。支架应通过计算确定，必要时还应对设置位置的结构进行验算。

（6）垂直向上输送混凝土时，地面水平输送泵管的直管和弯管总的折算长度不宜小于垂直输送高度的 0.2 倍，且不宜小于 15m。

图 1-11　混凝土布料机

（7）输送泵管倾斜或垂直向下输送混凝土，且高差大于 20m 时，应在倾斜或垂直管下端设置直管或弯管，直管或弯管总的折算长度不宜小于高差的 1.5 倍。

（8）垂直输送高度大于 100m 时，混凝土输送泵出料口处的输送泵管位置应设置截止阀。

（9）混凝土输送泵管及其支架应经常进行过程检查和维护。

（10）混凝土布料机（见图 1-11）是泵送混凝土的末端设备，其作用是将泵压来的混凝土通过管道送到要浇筑构件的模板内。注意布料机下面支撑体系的受力按不小于 $4kN/m^2$ 考虑。

1.1.10　混凝土浇筑

（1）为充分保证混凝土的浇筑质量，混凝土浇筑前应清楚模板内或垫层上的杂物；表面干燥的地基、垫层、模板上应洒水湿润，避免干燥的表面吸附混凝土中的水分而导致混凝土特性发生改变；现场实测环境温度高于 35℃ 时，宜对金属模板进行洒水降温；洒水后不得留有积水（见图 1-12）。

混凝土浇筑前，应派专人对模板进行浇水湿润，浇水时宜配合混凝土浇筑进度，使混凝土浇筑在湿润的模板上，从而防止混凝土浇筑过程中失水，保证混凝土质量以及拆模后的表面观感

图 1-12　洒水湿润后的模板

（2）混凝土浇筑前应编制好施工方案，合理划分施工段，在浇筑时按照划分好的施工段，宜一次连续浇筑，保证混凝土的均匀性和密实性（见图 1-13）。

施工段的划分应在施工方案中详细注明，划分施工段时应着眼于全局，统筹安排，充分考虑劳动力配置、材料资源供应、施工机械覆盖范围等因素，施工段的分界宜同结构界限（变形缝、后浇带）一致，划分的段数不宜过多，以免使工期延长。各施工段应有足够的工作面

（3）混凝土运输、输送入模的过程应保证混凝土连续浇筑，从运输到输送入模的延续时间不宜超过表 1-4 的规定，且不应超过表 1-5 的规定。掺早强型减水剂、早强剂的混凝土，以及有特殊要求的混凝土，应根据设计及施工要求，通过试验确定允许时间。

（4）混凝土浇筑的布料点宜接近浇筑位置，应采取减少混凝土下料冲击的措施，并宜先浇筑竖向结构构件（柱、墙），后浇筑水平结构构件（梁、板）；当浇筑区域结构平面有高差时，宜先浇筑低区部分再浇筑高区部分。

图 1-13　每个施工段连续浇筑混凝土

运输到输送入模的延续时间（min）　　　　　　　　表 1-4

条件	气温	
	≤25℃	>25℃
不掺外加剂	90	60
掺外加剂	150	120

运输、输送入模及其间歇总的时间限值（min）　　　　　　表 1-5

条件	气温	
	≤25℃	>25℃
不掺外加剂	180	150
掺外加剂	240	210

　　混凝土输送泵管布置时应符合"路线短、弯道少、接头密"的原则。布置水平管道时，应由远到近，将管道布置到最远的浇筑点，然后在浇筑过程中逐渐向泵的方向拆管。减少混凝土下料冲击的主要措施是使混凝土布料点接近浇筑位置，采用串筒、溜管、溜槽等装置也可以减少混凝土下料冲击。在通常情况下可直接采用输送泵管或布料设备进行布料，采用这种集中布料的方式可最大限度减少与钢筋的碰撞；若输送泵管或布料设备的端部通过串筒、溜管、溜槽等辅助装置进行下料时，其下料端的尺寸只需比输送泵管或布料设备的端部尺寸略大即可。

1.1.11　混凝土有强度差时浇筑办法

　　柱、墙混凝土设计强度比梁、板混凝土设计强度高两个等级及以上时，应在交界区域采取分隔措施。分隔位置应在低强度等级的构件中，且距高强度等级构件边缘不应小于500mm；高一个等级时原则上经设计同意，可采用高强度混凝土浇筑低强度部位，或者遵循强度高两级的施工方法（见图1-14）。宜先浇筑高强度等级混凝土，后浇筑低强度等级混凝土。

> 钢筋没有保护

> 柱、墙混凝土设计强度比梁、板混凝土设计强度高一个等级时，柱、墙位置梁、板高度范围内的混凝土经设计单位同意，可采用与梁、板混凝土设计强度等级相同的混凝土进行浇筑

> 柱、墙混凝土设计强度比梁、板混凝土设计强度高两个等级及以上时，应在交界区域采取分隔措施。分隔位置应在低强度等级的构件中，且距高强度等级构件边缘不应小于500mm

图1-14　梁板墙柱混凝土浇筑

　　混凝土的振捣应使模板内各个部位的混凝土密实、均匀，不应漏振、欠振或者过振。

　　振捣棒按照分层浇筑分层振捣原则工作，插入深度不小于50cm。执行快插慢拔均匀振捣，表面无塌陷、无气泡且有水泥浆出现时，可以结束该部位的振捣（见图1-15）。振捣棒与模板的距离不应大于振动半径的0.5倍，振捣插点间距不应大于有效振幅半径的1.4倍。

> 判断振实的原则是拌合物表面出现泛浆，基本无气泡逸出

> 振捣时间控制。要按拌合物稠度、振捣部位的不同情况，将振捣时间控制在10～30s内

图1-15　混凝土浇筑和振捣

　　平面振捣器应符合振捣平面无死角无遗漏，振捣斜面时应由低处向高处进行。

附着振捣器在振捣时应与模板紧密连接，设置间距应通过实验确定。附着振捣器应按照混凝土浇筑高度按照速度依次从上往下振，如有多台机器同时作业时，应使各振捣器的频率一致，交错放在对面的模板上。

特殊部位应加强振捣。如预留洞口、边角、坡脚、坡顶及后浇带。

1.1.12 坍落度的检验

混凝土拌合物工作性能应检验其坍落度，检验应符合下列规定：坍落度的检验方法应符合现行国家标准《普通混凝土拌合物性能试验方法标准》GB/T 50080—2002 的有关规定；坍落度的允许偏差应符合表1-6的规定；预拌混凝土的坍落度检查应在交货地点进行；坍落度大于220mm的混凝土，可根据需要测定其坍落扩展度，扩展度的允许偏差为30mm。

坍落度允许偏差（mm）   表1-6

设计值(mm)	≤40	50～90	≥100
允许偏差(mm)	±10	±20	±30

坍落度的测试方法：用一个上口 100mm、下口 200mm、高 300mm 喇叭状的坍落度桶（见图 1-16），灌入混凝土后捣实，灌入的混凝土必须是没有被振动棒振捣过的，分 3 层装满，每层 1/3 高度，每层由人工用捣棍螺旋式插捣 25 次。最后一下在中心，最后一层插捣后抹平，然后匀速拔起桶，混凝土因自重产生坍落现象，用桶高（300mm）减去坍落后混凝土最高点的高度，称为坍落度。如果差值为 10mm，则坍落度为 10。在做的过程中要踏紧坍落度桶的踏板，不得松动。坍落度测完后，用捣棍轻敲混凝土一侧，看黏聚性好不好，然后目测有无泌水，用泥刀抹面，看含砂浆程度怎样。

在混凝土浇筑过程中，试验员对进场的混凝土随时进行坍落度的检查，并做好记录，对不符合要求的混凝土及时退出现场

图 1-16　坍落度桶及坍落度实验

1.1.13 混凝土养护

混凝土早期塑性收缩和干燥收缩较大，易于造成混凝土开裂。混凝土浇筑后应及时进行保湿养护，保湿养护可采用洒水、覆盖、喷涂养护剂等方式。混凝土养护是补充水分或降低失水速率，防止混凝土产生裂缝，确保达到混凝土各力学性能指标的重要措施。在混凝土初凝、终凝抹面处理后，应及时进行养护工作。混凝土终凝后至开始养护开始的时间

间隔应尽可能缩短，以保证混凝土养护所需的湿度以及对混凝土进行温度控制。

覆盖养护可采用塑料薄膜、麻袋、草帘等进行覆盖；喷涂养护剂养护是通过养护液在混凝土表面形成致密的薄膜层，以达到混凝土保湿的目的。洒水、覆盖、喷涂养护剂等养护方式可单独使用，也可同时使用，采用何种养护方式应根据工程实际情况合理选择。

1.1.14 混凝土养护的重点

混凝土养护的重点是加强混凝土的湿度和温度控制，尽量减少表面混凝土的暴露时间，应及时对其表面进行覆盖（见图 1-17）或者涂刷养护剂，防止表面水分蒸发，同时在初凝前应卷起覆盖物用抹子压表面至少 2 遍，平整后再次覆盖。冬季应注意混凝土的保温措施和养护。如果养护不到位会出现裂缝（见图 1-18）。

贯穿性裂缝对建筑物结构安全造成极大隐患

塑料薄膜覆盖养护

图 1-17　浇筑完成后用薄膜覆盖养护　　　图 1-18　浇筑完成后养护不到位导致楼板裂缝

采用硅酸水泥、普通硅酸盐水泥或矿渣硅酸盐水泥配制的混凝土养护时间不应少于 7d；采用其他品种水泥混凝土时，养护时间应延长至 14d（见图 1-19）。

掺有缓凝型外加剂、大掺量矿物掺合料配置的混凝土养护时间不应少于14d；抗渗混凝土、强度等级C60及以上的混凝土养护时间不应少于14d；后浇带混凝土的养护时间不应小于14d

图 1-19　混凝土养护时间

1.2　混凝土结构工程施工质量验收规范

1.2.1　水泥的抽检

无论是预拌混凝土还是现场搅拌混凝土，水泥进场（厂）时，应根据产品合格证检查其品种、级别等，并有序存放，以免造成混料错批（见图 1-20～图 1-22）。水泥的重要性能指标为强度、安定性和凝结时间。并且对这三项指标要复验，其结果应符合现行国家标准《通用硅酸盐水泥》GB 175—2007 的规定，当对水泥质量有怀疑或水泥出场超过 3 个月，或快硬硅酸盐水泥超过 1 个月时，应进行复验并按复验结果使用，按照同一厂家、同一等级、同一品种、同一批号且连续进场（厂）的水泥，袋装不超过 200t 为一批，散装不超过 500t 为一批，每批抽样数量不应少于一次。

图 1-20 水泥出厂合格证

图 1-21 水泥出厂试验报告

图 1-22 水泥进场堆放和取样标准

1.2.2 外加剂的抽检

混凝土外加剂种类较多（见图 1-23、图 1-24），且均有国家现行有关的质量标准，使用时，混凝土外加剂的质量不仅要符合有关国家标准的规定，也应符合相关行业标准的规定。

混凝土外加剂进场时，应检查其质量证明文件和抽样检验报告，重点检查其品种、性能、出厂日期等指标，并应对外加剂的相关性能指标进行检验，检验结果应符合现行国家标准《混凝土外加剂》GB 8076—2008 和《混凝土外加剂应用技术规范》GB 50119—2013 等的规定。

按照同一厂家、同一品种、同一性能、同一批号且连续进场的混凝土外加剂，不超过

50t 为一批，每批抽样数量不应少于一次。

图 1-23　减水剂

图 1-24　缓凝剂

1.2.3　矿物掺合料的抽检

混凝土用矿物掺合料的种类主要有粉煤灰、粒化高炉矿渣粉、石灰石粉、硅灰、沸石粉、磷渣粉、钢铁渣粉和复合矿物掺合料等，对各种矿物掺合料，均应符合相应的标准要求。

混凝土外加剂进场时，应检查其质量证明文件和抽样检验报告，重点检查其品种、技术指标、出厂日期等，并应对矿物掺合料的相关性能指标进行检验，检验结果应符合国家现行有关标准的规定。

按照同一厂家、同一品种、同一技术指标、同一批号且连续进场的矿物掺合料，粉煤灰、石灰石粉、磷渣粉、钢铁渣粉不超过 200t 为一批，粒化高炉矿渣粉和复合矿物掺合料不超过 500t 为一批，沸石粉不超过 120t 为一批，硅灰不超过 30t 为一批，每批抽样数量不应少于一次。

1.2.4　混凝土原材料要求

混凝土原材料中的粗骨料、细骨料一般是指拌合混凝土所使用的砂、石。

砂石进场时，供货单位应提供砂石的产品合格证或质量检验报告，使用单位应委托有资质的检测机构，对进场的砂石按照检验批进行抽样检测，每验收批砂石至少应进行颗粒级配、含泥量、泥块含量检验，其质量应符合现行行业标准《普通混凝土用砂、石质量及检验方法标准》JGJ 52—2006 的规定。

粗、细骨料堆场宜硬化，排水设施完善，应有遮雨设施，并应符合有关环境保护的规定；粗、细骨料应按不同品种、规格（见图 1-25）。

1.2.5　混凝土试件取样与留置

我国建筑工程质量检验评定标准中规定，检验普通混凝土质量是否达到设计要求，系以其混凝土试块在一定条件下养护后，经检测其试块的强度等级及物理指标是否达到设计规定的数值为标准来判别。在建筑施工过程中，要重视混凝土试件的取样与留置。

混凝土的强度等级必须符合设计要求，用于检验混凝土强度的试件应在浇筑地点随机抽取。对同一配合比混凝土，取样与试件留置应符合下列规定：

（1）每拌制 100 盘且不超过 100m³ 时，取样不得少于一次；

（2）每工作班拌制不足 100 盘时，取样不得少于一次；

（3）连续浇筑超过 1000m³ 时，每 200m³ 取样不得少于一次；

图 1-25 砂石料场

（4）每一楼层取样不得少于一次；

（5）每次取样应至少留置一组标准养护试件，同条件养护试件的留置组数量应根据实际需要确定。

1.2.6 混凝土试模

混凝土抗压试模为 150×150×150 或者 100×100×100 立方体；混凝土抗冻试模为 100×100×400 棱柱体；混凝土抗渗试模为 $\phi175×\phi185×h150$ 圆台体；混凝土弹性模量试模为圆柱体（$\phi150×300$）和长方体（150×150×300）（单位为 mm）。ABS 塑料试模和铸铁试模如图 1-26 所示。

图 1-26 混凝土试模

(a) ABS 塑料试模；(b) 铸铁试模

1.2.7 混凝土试件强度评定

当混凝土试件强度评定不合格时，可采用非破损或局部破损的检测方法，按现行国家标准《混凝土结构工程施工质量验收规范》GB 50204—2015 的规定对结构构件中的混凝土强度进行推定，并作为处理的依据。采用混凝土回弹仪测混凝土强度如图 1-27 所示，混凝土钻芯取样如图 1-28 所示。

15

图 1-27　混凝土回弹仪测混凝土强度

图 1-28　混凝土钻芯取样

1.2.8　现浇结构质量验收

（1）现浇结构外观和尺寸质量验收应在拆模后及时进行。即使混凝土表面存在缺陷，验收前也不应进行修整、装饰或各种方式的覆盖。

（2）修整或返工的结构构件或部位应有实施前后的文字及图像记录。

（3）现浇结构的外观质量缺陷应由监理单位、施工单位等各方根据其对结构性能和使用功能影响的严重程度按表 1-7 确定。

现浇结构外观质量缺陷　　　　　　　　　　　　　　　　　　　表 1-7

名称	现　象	严重缺陷	一般缺陷
露筋	构件内钢筋未被混凝土包裹而外露	纵向受力钢筋有露筋	其他钢筋有少量露筋
蜂窝	混凝土表面缺少水泥砂浆而形成石子外露	构件主要受力部位有蜂窝	其他部位有少量蜂窝
孔洞	混凝土中孔穴深度和长度均超过保护层厚度	构件主要受力部位有孔洞	其他部位有少量孔洞
夹渣	混凝土中央有杂物且深度超过保护层厚度	构件主要受力部位有夹渣	其他部位有少量夹渣
疏松	混凝土中局部不密实	构件主要受力部位有疏松	其他部位有少量疏松
裂缝	裂缝从混凝土表面延伸至混凝土内部	构件主要受力部位有影响结构性能或使用功能的裂缝	其他部位有少量不影响结构性能或使用功能的裂缝
连接部位缺陷	构件连接处混凝土有缺陷及连接钢筋、连接件松动	连接部位有影响结构传力性能的缺陷	连接部位有基本不影响结构传力性能的缺陷
外形缺陷	缺棱掉角、棱角不直、翘曲不平、飞边凸肋等	清水混凝土构件有影响使用功能或装饰效果的外形缺陷	其他混凝土构件有不影响使用功能的外形缺陷
外表缺陷	构件表面麻面、掉皮、起砂、沾污等	具有重要装饰效果的清水混凝土构件有外表缺陷	其他混凝土构件有不影响使用功能的外表缺陷

（4）混凝土现浇外观质量缺陷，见图 1-29～图 1-32。

混凝土表面缺少水泥砂浆而形成石子外露

图 1-29 蜂窝缺陷

构件内钢筋未被混凝土包裹而外露

图 1-30 露筋缺陷

混凝土中孔穴深度和长度均超过保护层厚度

图 1-31 孔洞缺陷

拆模时不注意成品保护导致缺棱掉角

图 1-32 外形缺陷

（5）现浇结构现浇结构的外观质量不应有严重缺陷。

对已经出现的严重缺陷，应由施工单位提出技术处理方案，并经监理单位认可后进行处理；对裂缝、连接部位出现的严重缺陷及其他影响结构安全的严重缺陷，技术处理方案尚应经设计单位认可。对经处理的部位应重新验收。

（6）现浇结构的外观质量不应有一般缺陷。

对已经出现的一般缺陷，应由施工单位按技术处理方案进行处理。对经处理的部位应重新验收。

（7）现浇结构不应有影响结构性能或使用功能的尺寸偏差；混凝土设备基础不应有影响结构性能和设备安装的尺寸偏差。

对超过尺寸允许偏差且影响结构性能和安装、使用功能的部位，应由施工单位提出技术处理方案，经监理、设计单位认可后进行处理。对经处理的部位应重新验收。

（8）现浇结构的位置和尺寸偏差及检验方法应符合1-8的规定。

现浇结构位置、尺寸允许偏差及检验方法　　　　　表 1-8

项目		允许偏差（mm）	检验方法
轴线位置	整体基础	15	经纬仪及尺量
	独立基础	10	经纬仪及尺量
	柱、墙、梁	8	尺量
垂直度	层高 ≤6m	10	经纬仪或吊线、尺量
	层高 >6m	12	经纬仪或吊线、尺量
	全高（H）≤300m	$H/30000+20$	经纬仪、尺量
	全高（H）>300m	$H/10000$ 且≤80	经纬仪、尺量
标高	层高	±10	水准仪或拉线、尺量
	全高	±30	水准仪或拉线、尺量
截面尺寸	基础	+15，-10	尺量
	柱、梁、板、墙	+10，-5	尺量
	楼梯相邻踏步高差	6	尺量
电梯井	中心位置	10	尺量
	长、宽尺寸	+25，0	尺量
表面平整度		8	2m靠尺和塞尺量测
预埋件中心位置	预埋板	10	尺量
	预埋螺栓	5	尺量
	预埋管	5	尺量
	其他	10	尺量
预留洞、孔中心线位置		15	尺量

注：1. 检查轴线、中心线位置时，沿纵、横两个方向测量，并取其中偏差的较大值。
　　2. H 为全高，单位为 mm。

1.3 混凝土质量控制标准

为了加强混凝土质量控制，促进混凝土技术进步，确保混凝土工程质量，所制定的《混凝土质量控制标准》GB 50614—2011，自 2012 年 5 月 1 日开始实施。适用于建设工程的普通混凝土，密度控制在 2.0～2.8t/m³，含现浇及预制混凝土，一些特殊作业混凝土除外。

混凝土质量控制应从原材料进场、计量、搅拌、运输、浇筑成型、养护等方面进行控制。

（1）原材料

拌合混凝土所用的水泥、砂、石子和相关的添加剂（矿物掺合料和外加剂），要按照《混凝土结构工程施工质量验收规范》GB 50204—2015 严格执行，对于高强混凝土，粗骨料的岩石强度应至少比混凝土设计强度高30%，最大粒径不宜大于25mm，针片状颗粒含量不宜大于5%且不应大于8%；含泥量和泥块的含量分别不应大于0.5%和0.2%。

（2）计量

原材料计量已采用电子计量设备。要严格控制原材料的计量偏差，并应根据粗、细骨料含水率的变化，及时调整粗、细骨料的拌合用水的称量。

（3）搅拌

混凝土搅拌宜采用强制式搅拌机，搅拌机应符合现行国家标准《混凝土搅拌机》GB/T 9142—2000的规定。

混凝土搅拌的时间指的是全部材料装入搅拌桶到开始卸料为止的时间。要严格控制混凝土搅拌的最短时间。混凝土搅拌匀质检验方法：混凝土中砂浆密度两次测值的相对误差不大于0.8%；混凝土稠度两次测量的差值不大于表1-9规定的混凝土拌合物允许偏差的绝对值。见表1-9及图1-33。

（4）运输

在运输过程中，应控制混凝土不离析、不分层，并应控制混凝土拌合物性能满足施工要求。搅拌罐车是控制混凝土拌合物性能稳定的主要运输工具，搅拌罐车在冬季应有保温措施。

混凝土拌合物从搅拌机卸出至施工现场接收的时间间隔不宜大于90min。见图1-34。

混凝土拌合物维勃稠度允许偏差　　　　　　　　　　　　　　　表1-9

设计值(s)	≥11	10～6	≤5
允许偏差(s)	±3	±2	±1

图1-33　混凝土搅拌站

图1-34　泵车输送混凝土

（5）浇筑成型

检查模板支架的尺寸、规格、数量和位置，保证模板的稳定性、接缝的严密性，保证模板不漏浆、不失稳和不跑模。同时也要控制混凝土入模温度，温度过高对混凝土硬化过程有影响，控制难度变大，所以应避免高温条件浇筑混凝土。冬期施工也要保证混凝土拌合物入模温度不低于5℃，要采用保温措施，温度太低对水泥水化和混凝土强度发展不利

且易被冻伤。当然保证混凝土的均匀密实和整体性是混凝土浇筑质量的控制目标。见图
1-35。

混凝土拌合物入模温度过高时，对混凝土硬化过程有影响，加大了控制难度，所以应避免高温条件浇筑混凝土

夏季天气炎热时，混凝土拌合物入模温度不应高于35℃，宜选择晚间或夜间浇筑混凝土；现场温度高于35℃时宜对金属模板作浇水降温工作（不得留有积水）并宜采取遮挡措施避免阳光照射金属模板

图 1-35   泵送混凝土浇筑

不同配合比或者不同强度等级的泵送混凝土在同一时间段交替浇筑时，原则上可以将混合部分浇筑在低等级部位。当拌合物自由倾落高度大于 3m 时，要采用传统溜管（槽）等辅助设备，以防止离析。

1.4   大体积混凝土施工规范

为使大体积混凝土施工符合技术先进、经济合理、安全适用的原则，确保工程质量，制定了《大体积混凝土施工规范》GB 50496—2009，本规范适用于工业与民用建筑混凝土结构工程中大体积混凝土工程的施工，不适用于碾压混凝土和水工大体积混凝土工程的施工。大体积混凝土施工除应符合本规范外，尚应符合国家现行有关标准的规定。

1.4.1   大体积混凝土的定义

大体积混凝土是指最小几何尺寸不小于 1m 的大体量混凝土，或预计会因混凝土中胶凝材料水化引起的温度变化和收缩而导致有害裂缝产生的混凝土。大体积混凝土在施工中常用跳仓法施工，跳仓法是将超长的混凝土体分为若干小块体间隔施工，经过短期的应力释放，再将若干个小块体连成整体，依靠混凝土抗拉强度抵抗下一段的温度收缩应力的一种施工方法。大体积混凝土置于岩石类地基上时，宜在混凝土垫层上设置滑动层。

超长大体积混凝土施工时，为防止结构出现裂缝，一般采用以下方法控制：留置变形缝、后浇带施工和跳仓法施工（最大分块不宜大于 40m，间隔时间不应大于 7d，跳仓接缝按照施工缝要求处理）。大体积混凝土浇筑及分层浇筑分别如图 1-36 和图 1-37 所示。

1.4.2   大体积混凝土施工技术准备工作

在大体积混凝土施工前应做好以下技术准备工作：浇筑前对图纸的会审，同时提出施工阶段的综合抗裂措施，制定作业指导书；在模板和支架、钢筋工程、预埋管件等工作完

成并验收合格的基础上进行。保证工程按时保质完成。溜槽大体积混凝土施工如图 1-38 所示。

在大体积混凝土工程施工中，将超长的混凝土体分为若干小块体间隔施工，经过短期的应力释放，再将若干小块体连成整体，依靠混凝土抗拉强度抵抗下一段的温度收缩应力的施工方法

大体积混凝土的结构配筋除应满足结构强度和构造要求外，还应结合大体积混凝土的施工方法配置控制温度和收缩的构造钢筋

混凝土浇筑体在入模温度基础上的温升值不宜大于50 ℃

大体积混凝土的设计强度等级宜为C25～C40，并可采用混凝土60d 或90d的强度作为混凝土配合比设计、混凝土强度评定及工程验收的依据

散热水管

图 1-36　大体积混凝土浇筑

图 1-37　大体积混凝土分层浇筑

大距离、高落差混凝土浇筑采用溜槽辅助工具，以防止混凝土离析

可能会造成混凝土后期强度及耐久性的衰减；另外，如果混凝土的温升值过大，那么混凝土的整体温度会比气温高出很多，随后的降温幅度也相应较大，造成开裂

图 1-38　溜槽大体积混凝土施工

1.4.3　分层连续浇筑

分层连续浇筑施工（见图 1-39）的特点：一是混凝土一次需要量相对较少，便于振捣，易保证混凝土的浇筑质量；二是可利用混凝土面层散热，对降低大体积混凝土浇筑体的温升有利；三是可确保结构的整体性。

分层推移式连续浇筑就是分成若干层浇筑，但是每一层都不完全浇筑到头，下一层浇筑一部分后，回头浇筑上一层，逐步形成阶梯形浇筑层次，这种大体积混凝土的分层推移式连续浇筑施工也要求沿长边进行。如图 1-40 所示。

大体积模板和支架系统在安装、使用和拆除过程中，必须采取防倾覆的临时固定措

图 1-39 整体分层连续浇筑施工

(a) 全面分层；(b) 斜面分层；(c) 分段分层

1—模板 2—新浇筑混凝土

图 1-40 分层推移式连续浇筑施工

施。后浇带或跳仓法留置的竖向施工缝，宜用钢板网、铁丝网或小板条拼接支模，也可用快易收口网进行支挡；后浇带的垂直支架系统宜与其他部位分开。如图 1-41 所示。大体积混凝土有条件时宜适当延迟拆模时间，拆模后，应采取预防寒流袭击、突然降温和剧烈干燥等措施。当模板作为保温养护的一部分时，其拆模时间应根据本规范规定的温控要求确定。

后浇带或跳仓法留置的竖向施工缝，宜用钢板网、铁丝网或小板条拼接支模，也可用快易收口网进行支挡；后浇带的垂直支架系统宜与其他部位分开

防倾覆措施

图 1-41 模板的隔离装置和防倾覆措施

固定用钢筋

测温导线（附带测温感应片）

入模温度的测量，每台班不应少于2次

图 1-42 检测点的深度布置

大体积混凝土应设置现场浇筑整体里表温差、降温速率及环境温度应变的检测点和入模温度的测量点（见图1-42），注意平面图对称轴线的半条轴线为测试区，每条轴线上检测点不少于4个（见图1-43），应根据几何尺寸布置，必须布置在外面（外表以内50mm）、底面（底面以内50mm）和中间，其余测点间距不大于600mm。温度计测温方法：每日测量不少于4次（早晨、中午、傍晚、半夜），同时注意测温元件的正确应用。

图1-43　温度检测点的平面布置

1.4.4　大体积混凝土的养护

混凝土的养护除应按普通混凝土进行常规养护外，尚应及时按温控技术措施的要求进行保温养护，并应符合下列规定：专人养护，并做好养护记录，养护时间不得少于14d，检查塑料薄膜或养护剂涂层的完整情况，保持表面湿润。保温覆盖层的拆除应分层逐步进行，当混凝土的表面温度与环境温度最大温差小于20℃时，可全部拆除。混凝土浇筑完初凝前，宜立即进行喷雾养护工作。大体积混凝土拆模后地下结构应及时回填土，地上结构应尽早装饰不宜长期暴露在自然环境中。大体积混凝土养护如图1-44～图1-46所示。

图1-44　大体积混凝土养护1

图1-45　大体积混凝土养护2

1.4.5 混凝土的降温和保温

混凝土由最高温度降至气温的时间越长，在这段时间内混凝土的强度增长也越多，尤其是抗拉强度的不断增长，使得混凝土浇筑体抗开裂能力逐渐加强；此外，降温时间较长，还可以利用混凝土的徐变来降低开裂的风险（见图 1-47）。

图 1-46 大体积混凝土覆盖养护   图 1-47 大体积混凝土二次收面

1.5 混凝土用水标准

为了保证混凝土用水的质量，使混凝土性能符合技术要求，制定《混凝土用水标准》JGJ 63—2006。本标准适用于工业与民用建筑以及一般构筑物的混凝土用水。混凝土用水除应符合本标准的规定外，尚应符合国家现行有关标准的规定。

1.5.1 混凝土拌合用水水质要求

混凝土拌合用水水质应符合表 1-10 的要求。对于设计年限为 100 年的结构混凝土，氯离子含量不得超过 500mg/L；对于使用钢丝或经热处理钢筋的预应力混凝土，氯离子含量不得超过 350mg/L。

混凝土拌合用水水质要求   表 1-10

项　　目	预应力混凝土	钢筋混凝土	素混凝土
pH 值	$\geqslant 5.0$	$\geqslant 4.5$	$\geqslant 4.5$
不溶物(mg/L)	$\leqslant 2000$	$\leqslant 2000$	$\leqslant 5000$
可溶物(mg/L)	$\leqslant 2000$	$\leqslant 5000$	$\leqslant 10000$
Cl^- (mg/L)	$\leqslant 500$	$\leqslant 1000$	$\leqslant 3500$
SO_4^{2-} (mg/L)	$\leqslant 600$	$\leqslant 2000$	$\leqslant 2700$
碱含量(rag/L)	$\leqslant 1500$	$\leqslant 1500$	$\leqslant 1500$

注：碱含量按 $Na_2O + 0.658K_2O$ 计算值来表示。采用非碱活性骨料时，可不检验碱含量。

1.5.2　水的放射性要求

地表水、地下水、再生水的放射性应符合现行国家标准的规定。使用水不应有漂浮明显的油脂和泡沫，不应有明显的颜色和异味。未经处理的海水严禁用于钢筋混凝土和预应力混凝土。我国制定的规范也是很人性化的，结合实际情况在无法获得水源的情况下，海水可用于素混凝土，但不宜用于装饰性混凝土。

1.5.3　水质检验

水质检验的水样不应少于5L；用于测定水泥凝结时间和胶砂强度的水样不应少于3L。容器应用待采集水样冲洗3次再灌装，宜在水域中心部位、距水面100mm以下采集。

1.6　混凝土泵送施工技术规程

为提高混凝土泵送施工质量，促进混凝土泵送技术的发展特制定《混凝土泵送施工技术规程》JGJ/T 10—2011，本规程适用于建筑工程、市政工程的混凝土泵送施工，不适用于轻骨料混凝土的泵送施工。混凝土泵送施工应有专项施工方案，前项验收合格方可进行施工。混凝土泵送施工除应符合本规程的规定外，尚应符合国家现行有关标准的规定。

泵送混凝土施工方案应根据混凝土工程特点、浇筑工程量、拌合物特性及浇筑进度等因素确定，同时要对混凝土的可泵性进行分析。混凝土入泵坍落度及扩展度与最大泵送高度的关系见表1-11。

混凝土入泵坍落度及扩展度与最大泵送高度的关系　　　　表1-11

最大泵送高度(m)	50	100	200	400	400以上
入泵坍落度(mm)	100～140	150～180	190～220	230～260	—
入泵扩展度(mm)	—	—	—	450～590	600～740

泵送混凝土宜采用预拌混凝土，当需要现场搅拌时需采用具有自动计量装置的集中搅拌方式，不得采用人工搅拌的方式进行泵送。泵送管不得有龟裂、孔洞、凹凸损伤和弯折等缺陷，同时根据最大泵送压力计算最小泵送管的最小壁厚值。同一管路宜采用相同管径的输送管。

垂直向上配管时，地面水平管折算长度不宜小于垂直管长度的1/5，且不宜小于15m；垂直泵送高度超过100m时，混凝土泵机出料口处应设置截止阀。倾斜或垂直向下泵送施工时，高差不应大于20m，应在倾斜或垂直管下端设置弯管或水平管，弯管和水平管折算长度不宜小于1.5倍高差。泵送混凝土的入泵坍落度不宜小于100mm，对强度等级超过C60的泵送混凝土，其坍落度不宜小于180mm。混凝土入泵时的坍落度及其允许偏差应符合表1-12的规定。

混凝土坍落度允许偏差　　　　表1-12

坍落度(mm)	坍落度允许偏差(mm)
100～160	±20
>160	±30

泵送混凝土的混凝土取样、试件制作、养护和试验均应在浇筑地点完成，同时应符合

《混凝土结构工程施工质量验收规范》GB 50204—2015 的相关规定。

1.7　混凝土强度检验评定标准

为了统一混凝土强度的检验评定方法，保证混凝土强度符合混凝土工程质量的要求，制定本标准。本标准适用于混凝土强度的检验评定，除应符合本标准（《混凝土强度检验评定标准》GB/T 50107—2010）的有关规定外，尚应符合国家现行有关标准的其他规定。

1.7.1　混凝土取样

混凝土取样应符合下列规定：每 100 盘或 100m³ 时取样一次；不足 100 盘和 100m³ 时取样一次；超过 1000m³ 时，每 200m³ 取样不应少于一次；那么一次性连续浇筑 1000m³ 编者认为取样 5 次。每次取样应至少制作一组标准养护试件。如图 1-48 所示。

混凝土试件的立方体抗压强度试验应根据现行国家标准《普通混凝土力学性能试验方法标准》GB/T 50081—2002 的规定执行，3 个试件强度的算术平均值作为每组试件的强度代表值；当一组试件中强度的最大值或最小值与中间值之差超过中间值的 15% 时，取中间值作为该组试件的强度代表值，当最大值和最小值与中间值之差均超过中间值 15% 时，该组试件的强度不应作为评定的依据。混凝土试件养护如图 1-49～图 1-51 所示。

图 1-48　混凝土试件取样

图 1-49　混凝土标养室

当采用非标准尺寸试件时，应将其抗压强度乘以尺寸折算系数，折算成边长为 150mm 的标准尺寸试件抗压强度。尺寸折算系数按下列规定采用：当混凝土强度等级低于 C60 时，对边长为 100mm 的立方体试件取 0.95，对边长为 200mm 的立方体试件取 1.05；当混凝土强度等于不低于 C60 时，宜采用标准尺寸试件；使用非标准尺寸试件时，尺寸折算系数应由试验确定，其试件数量不应少于 30 对组。

1.7.2 混凝土强度的评定方法

混凝土的评定方法有两种，即统计方法和非统计方法。当连续生产的混凝土，生产条件在较长时间内保持一致，且同一品牌、同一强度等级混凝土的强度变异性保持稳定时，按统计方法进行评定进行评定。一个检验批的样本容量应为连续的 3 组试件，其强度应同时符合下列规定：

$$m_{\mathrm{fcu}} \geqslant f_{\mathrm{cu,k}} + 0.7\sigma_0 \tag{1-1}$$

$$f_{\mathrm{cu,min}} \geqslant f_{\mathrm{cu,k}} - 0.7\sigma_0 \tag{1-2}$$

当一组试件中强度的最大值和最小值与中间值之差均超过中间值的15%时，该组试件的强度不应作为评定的依据

图 1-50　同条件养护 1　　　　　　　　图 1-51　同条件养护 2

检验批混凝土立方体抗压强度的标准差，应根据前一个检验期内同一品种混凝土试件的强度数据计算：

$$\sigma_0 = \sqrt{\frac{\sum\limits_{i=1}^{n} f_{\mathrm{cu},i}^2 - n m_{\mathrm{f_{cu}}}^2}{n-1}} \tag{1-3}$$

当混凝土强度等级不高于 C20 时，其强度的最小值尚应满足下式要求：

$$f_{\mathrm{cu,min}} \geqslant 0.85 f_{\mathrm{cu,k}} \tag{1-4}$$

当混凝土强度等级高于 C20 时，其强度的最小值尚应满足下式要求：

$$f_{\mathrm{cu,min}} \geqslant 0.90 f_{\mathrm{cu,k}} \tag{1-5}$$

式中　m_{fcu}——同一检验批混凝土立方体抗压强度的平均值（N/mm^2），精确到 0.1N/mm^2；

$f_{\mathrm{cu,k}}$——混凝土立方体抗压强度标准值（N/mm^2），精确到 0.1N/mm^2；

σ_0——检验批混凝土立方体抗压强度的标准差（N/mm^2），精确到 0.01N/mm^2；当检验批混凝土强度标准差 σ_0 计算值小于 2.5N/mm^2 时，应取 2.5N/mm^2；

$f_{\mathrm{cu},i}$——前一检验期内同一品种、同一强度等级的 i 组混凝土试件的立方体抗压强度代表值（N/mm^2），精确到 0.1N/mm^2；该检验期不应小于 60d，也不

得大于 90d；

n——前一检验期内样本容量，在该期间内样本容量不应少于 45 组；

$f_{cu,min}$——同一检验批混凝土立方体抗压强度的最小值（N/mm²），精确到 0.1N/mm²。

当样本容量不少于 10 组时，其强度应同时满足下列要求：

$$m_{fcu} \geq f_{cu,k} + \lambda_1 S_{fcu} \tag{1-6}$$

$$f_{cu,min} \geq \lambda_2 f_{cu,k} \tag{1-7}$$

同一检验批混凝土立方体抗压强度的标准差应按下式计算：

$$S_{fcu} = \sqrt{\frac{\sum_{i=1}^{n} f_{cu,i}^2 - n m_{fcu}^2}{n-1}} \tag{1-8}$$

式中 S_{fcu}——同一检验批混凝土立方体抗压强度的标准差（N/mm²），精确到 0.01N/mm²；当检验批混凝土强度标准差 S_{fcu} 计算值小于 2.5N/mm² 时，应取 2.5N/mm²；

λ_1、λ_2——合格判定系数，按表 1-13 取用；

n——本检验期内的样本容量。

合格判定系数 λ_1、λ_2 取值   表 1-13

试件组数	10～14	15～19	≥20
λ_1	1.15	1.05	0.95
λ_2	0.90	0.85	

1.7.3 标准差的计算

1. 混凝土的配合比

同一品种的混凝土生产，在较长的时期内，通过质量管理，维持基本相同的生产条件，即使有所变化，也能很快予以调整而恢复正常。由于这类生产状况，能使每批混凝土强度的变异性基本稳定，每批的强度标准差可根据前一时期生产累计的强度数据确定。符合以上情况时，采用标准差已知方案。一般来说，预制构件生产可以采用标准差已知方案。

2. 标准差的计算

标准差的计算方法由原极差估计法改为定义式计算法。两种方法估计总体标准差都是正确的，但是极差估计法相对粗糙些。同时，当计算得出的标准差小于 2.5MPa 时，取值为 2.5MPa。建筑工程一般不适用这一评定方法验收。当用于评定的样本容量小于 10 组时，应采用非统计方法评定混凝土强度，按非统计方法评定混凝土强度时，其强度应同时符合下列规定：

$$m_{fcu} \geq \lambda_3 f_{cu,k} \tag{1-9}$$

$$f_{cu,min} \geq \lambda_4 f_{cu,k} \tag{1-10}$$

式中　λ_3、λ_4——合格评定系数，按表 1-14 取用。

合格评定系数 λ_3、λ_4 取值　　　　　　　　　　　　　表 1-14

混凝土强度等级	＜C60	≥C60
λ_3	1.15	1.10
λ_4	0.95	

1.7.4　混凝土强度的检验评定

当检验结果满足 1.7.2 条或第 1.7.3 条的规定时，则该批混凝土强度应评定为合格；当不能满足上述规定时，该批混凝土强度应评定为不合格。

对评定为不合格批的混凝土，可按国家现行的有关标准进行处理。

1.8　回弹法检测混凝土抗压强度技术规程

1.8.1　总则

（1）为统一使用回弹仪检测普通混凝土抗压强度的方法，保证检测精度，制定本规程。

（2）本规程适用于工程结构普通混凝土抗压强度的检测。当对结构的混凝土强度有检测要求时，可按本规程进行检测，检测结果可作为处理混凝土质量问题的一个依据。本规程不适用于表层与内部质量有明显差异或内部存在缺陷的混凝土结构或构件的检测。见图 1-52。

回弹完后核对已回弹数值是否与实际回弹值一致，并计算平均值，核实与设计的差值

测区表面应清洁、平整、干燥，不应有疏松、浮浆，每一测区弹击16个点，一般约为200mm×200mm，测点应在测区内均匀分布，要避开外漏的石子和气孔，回弹测值读至1

图 1-52　专业回弹效果图

（3）使用回弹仪检测及推定混凝土强度，除应遵守本规程的规定外，尚应符合国家现行的有关强制性标准的规定。

1.8.2 回弹仪技术要求

（1）测定回弹值的仪器，宜采用示值系统为指针直读式的混凝土回弹仪。

（2）回弹仪正规样本见图1-53。

1.8.3 回弹仪标准状态要求

回弹仪应符合下列标准状态的要求：

（1）水平弹击时，弹击锤脱钩的瞬间，回弹仪的标准能量应为2.207J；

（2）弹击锤与弹击杆碰撞的瞬间，弹击拉簧应处于自由状态，此时弹击锤起跳点应对应于指针指示刻度尺上"0"处；

（3）回弹仪使用时的环境温度应为-4～40℃。

回弹仪标定的标准状态应是在洛氏硬度HRC为60±2的标准钢砧上，垂直向下弹击3次，其平均率定值应为80±2

回弹仪必须有制造厂的产品合格证及检定单位的检定合格证，回弹仪上应有名称、型号、制造厂名、出厂编号、出厂日期、许可证号

图1-53　回弹仪

1.8.4 回弹仪检定要求

回弹仪检定周期为半年，当回弹仪具有下列情况之一时应送检定单位检定：

（1）新回弹仪启用前；

（2）超过检定有效期限；

（3）数字式回弹仪数字显示的回弹值与指针直读示值相差大于1；

（4）经保养后，在钢砧（见图1-54）上的率定值不合格；

（5）遭受严重撞击或其他损害。

1.8.5 测区的要求

混凝土强度可按单个构件或按批量进行检测，单个构件的检测应符合下列规定：

（1）对于一般构件，测区数不宜少于10个。当受检构件数量大于30个且不需要提供单个构件推定强度或受检构件某一方向尺寸不大于4.5m且另一方向尺寸不大于0.3m时，每个构件的测区数量可适当减少，但不应少于5个。

图1-54　钢砧

（2）相邻两测区的间距不应大于2m，测区离构件端部或施工缝边缘的距离不宜大于0.5m，且不宜小于0.2m（见图1-55）。

（3）测区宜选在能使回弹仪处于水平方向的混凝土浇筑侧面。当不能满足这一要求时，也可选在使回弹仪处于非水平方向的混凝土浇筑表面或底面。

（4）测区宜布置在构件的两个对称的可测面上，当不能布置在可测面上时，也可布置在同一可测面上，且应均匀分布。在构件的重要部位及薄弱部位应布置测区，并应避开预

埋件。

（5）测区的面积不宜大于 0.04 m^2。

（6）测区表面应为混凝土原浆面，并应清洁、平整，不应有疏松层、浮浆、油垢、涂层以及蜂窝、麻面。

（7）测区应标有清晰的编号，并宜在记录纸上绘制测区布置示意图和描述外观质量情况。

图 1-55　测区的布置

1.8.6　回弹值测量

（1）检测时，回弹仪的轴线应始终垂直于结构或构件的混凝土检测面，缓慢施压，准确读数，快速复位。

（2）测点宜在测区范围内均匀分布，相邻两测点的净距不宜小于 20mm，测点距外露钢筋、预埋件的距离不宜小于 30mm，测点不应在气孔或外露石子上，同一测点只应弹击一次。每一测区应记取 16 个回弹值，每一测点的回弹值读数估读至 1。回弹值测量过程见图 1-56。

图 1-56　回弹值测量过程

31

1.8.7 碳化深度值测量

（1）回弹值测量完毕后，应在有代表性的位置上测量碳化深度值，测点不应少于构件测区数的 30%，取其平均值为该构件每测区的碳化深度值，当碳化深度值极差大于 2.0mm 时，应在每一测区测量碳化深度值。见图 1-57。

测量时应将仪器的底座平面贴紧孔洞一侧平整的混凝土表面上，当孔洞周围混凝土表面不平整时，用砂轮磨平，当指针停留到刻度尺上指示一刻度，即为碳化深度值，读数精确至0.5mm

碳化深度测定专用卡尺

图 1-57　碳化深度值测量示意图

（2）碳化深度值测量，可采用适当的工具在测区表面形成直径约 15mm 的孔洞，其深度应大于混凝土的碳化深度。孔洞中的粉末和碎屑应除净，并不得用水擦洗。同时应采用浓度为 1% 的酚酞酒精溶液滴在孔洞内壁的边缘处，当已碳化与未碳化界线清楚时，再用深度测量工具测量已碳化与未碳化混凝土交界面到混凝土表面的垂直距离，测量不少于 3 次，取其平均值，每次读数精确至 0.5mm。

1.8.8 回弹值计算

计算测区平均回弹值时，应从该测区的 16 个回弹值中剔除 3 个最大值和 3 个最小值，余下的 10 个回弹值取平均数。见表 1-15。

回弹法检测混凝土强度计算表　　　　　　　　　　　　　　表 1-15

工程名称：			检测部位	输送方式	检测状态	检测角度	碳化深度	日期：	回弹仪校正值					
检测轴线及位置			墙	非泵送	向上	60°	0.0		80					
测区混凝土强度值		回弹平均值	修正后数据	标准差	非水平	45° 60° 90° 向下 -30° -45° -60° -90°	正	最小强度值	设计强度					
25.9(MPa)		31.6	31.6	0.759				24.9(MPa)	C 30					
各区平均值		1	2	3	4	5	6	7	0	修正后强度达设计的				
		31.2	31.4	31	31.1	31.4	31.9	31.8	.9	86.33 %				
实测数据	1	28	29	33	32	30	30	31	30	30	37	32	37	31	35	31	32
	2	28	29	38	32	0	30	31	30	30	37	32	37	31	35	31	32
	3	28	29	38	32	30	0	31	30	30	37	32	37	31	35	31	32
	4	28	29	38	32	0	30	31	30	30	37	32	37	31	35	31	32
	5	28	29	38	32	30	30	31	30	30	37	32	37	31	35	31	32
	6	31	33	32	34	37	32	31	31	30	32	31	39	36	32	31	32
	7	33	35	30	31	33	28	29	28	31	32	32	32	35	31	31	32
	8	0	36	32	32	31	28	36	41	38	29	30	28	34	31	30	38
	9	31	32	33	32	34	35	35	29	29	32	34	33	30	39	29
	10	30	32	38	31	29	30	36	32	36	34	29	30	31	33	34

1.9 超声回弹综合法检测混凝土强度技术规程

为了统一采用中型回弹仪、混凝土超声波检测仪综合检测并推断混凝土结构中普通混凝土抗压强度的方法，做到技术先进、安全可靠、经济合理、方便使用，制定《超声回弹综合法检测混凝土强度技术规程》CECS 02—2005，自 2005 年 12 月 1 日开始施行，CECS 02-1988 同步废止。本规程不适用于检测因冻害、化学侵蚀、火灾、高温等已造成表面疏松、剥落的混凝土，采用超声回弹综合法检测及推定混凝土强度，除应遵守本规程的规定外，尚应符合现行有关强制性标准的规定。超声回弹仪及超声回弹综合法检测混凝土如图 1-58 所示。

工程检测的人员，应通过专业培训并持有相应的资格证书

图 1-58 超声回弹仪及超声回弹综合法检测混凝土

1.9.1 混凝土强度检测

混凝土强度检测数量应符合下列规定：按单个构件检测时，应在构件上均匀布置测区，每个构件上测区数量不应少于 10 个；同批构件按批抽样检测时，构件抽样数不应少于同批构件的 30%，且不应少于 10 件；对一般施工质量的检测和结构性能的检测，可按照现行国家标准《建筑结构检测技术标准》GB/T 50344—2004 的规定抽样。对某一方向尺寸不大于 4.5m 且另一方向尺寸不大于 0.3m 的构件，其测区数量可适当减少，但不应少于 5 个。超声回弹仪检测点的布置如图 1-59 所示。

图 1-59 超声回弹仪检测点的布置

1.9.2 构件检测区的布置

构件检测区的布置宜满足下列规定：在条件允许时，测区宜优先布置在构件混凝土浇筑方向的侧面；测区可在构件的两个对应面、相邻面或同一面上布置；测区宜均匀布置，

相邻两个测区的间距不宜大于 2m；测区应避开钢筋密集区和预埋件；测区尺寸宜为 200mm×200mm；采用平测时宜为 400mm×400mm；测试面应清洁、平整、干燥，不应有接缝、施工缝、饰面层、浮浆和油垢，并应避开蜂窝、麻面部位。必要时，可用砂轮片清除杂物和磨平不平整处，并擦净残留粉尘。

1.9.3 回弹测试及回弹值计算

回弹测试时，应始终保持回弹仪的轴线垂直于混凝土测试面。如不具备浇筑方向侧面水平测试的条件，可采用非水平状态测试，或测试混凝土浇筑的顶面或底面。测量回弹值应在构件测区内超声波的发射和接收面各弹击 8 点；超声波单面平测时，可在超声波的发射和接收测点之间弹击 16 点。每一测点的回弹值，测读精确至 0.1。测点在测区范围内宜均匀布置，但不得布置在气孔或外露石子上。相邻两个测点的间距不宜小于 30mm；测点距构件边缘或外露钢筋、铁件的距离不应小于 50mm，同一测点只允许弹击一次。测区回弹代表值应从该测区的 16 个回弹值中剔除 3 个较大值和 3 个较小值，根据其余 10 个有效回弹值按下列公式计算：

$$R=\frac{1}{10}\sum_{i=1}^{10}R_i \tag{1-11}$$

式中　R——测区回弹代表值，取有效测试数据的平均值，精确至 0.1；

　　　R_i——第 i 个测点的有效回弹值。

非水平状态下测得的回弹值，应按下列公式修正：

$$R_a=R+R_{a\alpha} \tag{1-12}$$

式中　R_a——修正后的测区回弹代表值；

　　　$R_{a\alpha}$——测试角度为 α 时的测区回弹修正值，按表 1-16 的规定采用。

非水平状态下测试时的回弹修正值 R_{2a} 表 1-16

测试角度　　R	回弹仪向上				回弹仪向下			
	+90	+60	+45	+30	−30	−45	−60	−90
20	−6.0	−5.0	−4.0	−3.0	+2.5	+3.0	+3.5	+4.0
25	−5.5	−4.5	−3.8	−2.8	+2.3	+2.8	+3.3	+3.8
30	−5.0	−4.0	−3.5	−2.5	+2.0	+2.5	+3.0	+3.5
35	−4.5	−3.8	−3.3	−2.3	+1.8	+2.3	+2.8	+3.3
40	−4.0	−3.5	−3.0	−2.0	+1.5	+2.0	+2.5	+3.0
45	−3.8	−3.3	−2.8	−1.8	+1.3	+1.8	+2.3	+2.8
50	−3.5	−3.0	−2.5	−1.5	+1.0	+1.5	+2.0	+2.5

注：1. 当测试角度等于 0 时，修正值为 0；R 小于 20 或大于 50 时，分别按 20 或 50 查表；
　　2. 表中未列数值，可采用内插法求得，精确至 0.1。

在混凝土浇筑的顶面或底面测得的回弹值，应按下列公式修正：

$$R_a=R+(R_a^t+R_a^b) \tag{1-13}$$

式中　R_a^t——测量顶面时的回弹修正值，按表 1-17 的规定采用；

　　　R_a^b——测量底面时的回弹修正值，按表 1-17 的规定采用。

测试混凝土浇筑顶面或底面时的回弹修正值 R_a^t、R_a^b　　　表 1-17

测试面 R 或 R_a	顶面 R_a^t	底面 R_a^b
20	+2.5	−3.0
25	+2.0	−2.5
30	+1.5	−2.0
35	+1.0	−1.5
40	+0.5	−1.0
45	0	−0.5
50	0	0

注：1. 在侧面测试时，修正值为 0；R 小于 20 或大于 50 时，分别按 20 或 50 查表；

　　2. 当先进行角度修正时，采用修正后的回弹代表值 R_a；

　　3. 表中未列数值，可采用内插法求得，精确至 0.1。

2 与钢筋施工有关的规范（图集、规程）

2.1 混凝土结构工程施工质量验收规范

《混凝土结构工程施工质量验收规范》GB 50204—2015（自 2015 年 9 月 1 日开始施行）；

《建筑工程施工质量验收统一标准》GB 50300—2013（自 2014 年 6 月 1 日开始施行）。

2.1.1 钢筋检验批资料

对具体抽检数量和单支尺寸执行《钢筋混凝土用钢　第 1 部分：热轧光圆钢筋》GB 1499.1—2008 和《钢筋混凝土用钢　第 2 部分：热轧带肋钢筋》GB 1499.2—2007。如果首检不合格，复检的数量要翻倍。

钢筋的取样试验：同一工程、同一牌号、同一类型的材料，质量不大于 30t 为一批；每批见证取 3 件试件。当连续三批检验均一次合格时，检验批的容量可扩大为 60t。检验方法：应按国家现行相关标准的规定抽取试件做屈服强度、抗拉强度、伸长率、弯曲性能和质量偏差检验，其结果必须符合有关标准的规定。检查数量：按进场的批次和产品的抽样检验方案确定。检查方法：检查产品合格证（见图 2-1）、质量证明书（见图 2-2）和进场抽样复验报告。检验质量偏差时，试件切口要平滑并与长度方向垂直，且长度不应小于 500mm；长度和质量的精度要控制在不低于 1mm 和 1g。钢筋取样如图 2-3 所示。

图 2-1　产品合格证

图 2-2　产品质量证明书

2.1.2 钢筋原材检验

钢筋进场时，应按照现行国家标准《钢筋混凝土用钢　第 1 部分：热轧光圆钢筋》GB 1499.1—2008、《钢筋混凝土用钢　第 2 部分：热轧带肋钢筋》GB 1499.2—2007 规定的组批规则、取样数量和方法进行检验（见图 2-4），检验结果应符合上述标准的规定。一般钢筋检验断后伸长率即可，牌号带 E 的钢筋检验最大力下总伸长率。钢筋的质量证明文件主要为产品合格证和出厂检验报告（进场的三证：产品合格证、质量证明书、检测报告，如果产品质量证明书没有原件，可以采用复印件加盖经销商章）。

钢筋切口应平滑且与长度方向垂直，其长度不应小于500mm

取样时端头部分去掉，且要对钢筋的编码和日期进行确认

施工过程中重要工序的自检和交接检记录、抽样检验报告、见证检测报告、隐蔽工程验收记录等

图 2-3　钢筋取样

图 2-4　钢筋验收

2.1.3　抗震钢筋

1. 抗震设防要求

对有抗震设防要求的结构，其纵向受力钢筋的强度应满足设计要求；当设计无要求时，按一、二、三级抗震等级设计的框架和斜撑构件（含梯级）中的纵向受力钢筋应采用 HRB335E、HRB400E、HRB500E、HRBF335E、HRBF400E 或 HRBF500E 钢筋，其强度和最大力下总伸长率的实测值应符合下列规定：钢筋的抗拉强度实测值与屈服强度实测的比值不应小于 1.25（强屈比），钢筋的屈服强度实测值与屈服强度标准规定值的比值不应大于 1.30（超强比），钢筋的最大力下总伸长率不应小于 9%。

(a) 　　　　　　　　　　　 *(b)*

图 2-5　抗震钢筋和普通钢筋

（*a*）抗震钢筋；（*b*）普通钢筋

2. 抗震钢筋

在实际施工中，施工单位和监理单位在读图和审图时，应注意结构抗震等级为一、二、三级的框架构件和斜撑构件的主筋，在设计无具体要求时，应使用"带E钢筋"（见图2-5）；同时，在进行抗震钢筋见证取样委托送检时，委托单上应注明检测强屈比、超强比和最大力下总伸长率，其检测结果应满足上述要求，才能使用。牌号带E的钢筋是专门满足本条"三项"性能要求生产的钢筋。其表面轧有专用标志。见图2-6，图2-7。

纵向受力钢筋应采用带E钢筋

一、二、三级抗震等级设计的框架和斜撑构件

图2-6　纵向受力构件　　　　　　　　图2-7　框架和斜撑构件

2.1.4　钢筋的加工

钢筋弯钩和弯弧内直径应符合下列规定：光圆钢筋，不应小于钢筋直径的2.5倍；335MPa级、400MPa级带肋钢筋，不应小于钢筋直径的4倍；500MPa级带肋钢筋，当钢筋直径为28mm以下时，不应小于钢筋直径的6倍，当钢筋直径为28mm及以上时，不应小于钢筋直径的7倍；箍筋弯折处尚不应小于纵向受力钢筋直径。

箍筋、拉筋的末端应按设计要求做弯钩，并应符合以下规定：对一般结构构件，箍筋弯钩的弯折角度不应小于90°，弯折后平直段长度不应小于箍筋直径的5倍；对有抗震设防要求或设计有专门要求的结构构件，箍筋弯钩的弯折角度不应小于135°，弯折后平直段长度不应小于箍筋直径的10倍和75mm两者之中的较大值；圆形箍筋的搭接长度不应小于其受拉锚固长度，且两末端均应做不小于135°的弯钩，弯折后平直段长度对一般结构构件不应小于箍筋直径的5倍，对有抗震设防要求的结构构件不应小于箍筋直径的10倍和75mm两者之中的较大值。

相邻纵向受力钢筋机械连接接头及焊接接头连接区段的长度为35d且>500mm

机械连接接头或焊接接头在同一构件内宜相互错开

图2-8　钢筋接头位置及连接区段长度

拉筋用作梁、柱复合箍筋中单肢箍筋

或梁腰筋拉结筋时，两端弯钩的弯折角度均不应小于 135°，弯折后平直段长度应符合对箍筋的有关规定。直径不应小于钢筋直径的 2.5 倍，弯钩的弯后平直段长度不应小于钢筋直径的 3 倍。

2.1.5 钢筋连接

当受力钢筋采用机械连接接头或焊接接头时，设置在同一构件内的接头宜相互错开。相邻纵向受力钢筋机械连接接头及焊接接头连接区段的长度为 $35d$（d 为纵向受力钢筋的较大直径）且不小于 500mm，凡接头中点位于该连接区段长度内的接头，均属于同一连接区段（见图 2-8～图 2-10）。在有抗震设防要求的结构中，梁端、柱端钢筋加密区范围内钢筋不应进行搭接。

图 2-9 纵向受力钢筋接头允许范围

同一构件中相邻纵向受力钢筋的绑扎搭接接头宜相互错开。绑扎搭接接头中钢筋的横向净距不应小于钢筋直径，且不应小于 25mm。钢筋绑扎搭接接头连接区段的长度为 $1.3L_a$（L_a 为搭接长度），凡搭接接头中点位于该连接区段长度内的搭接接头均属于同一连接区段（见图 2-11 和图 2-12）。

2.1.6 钢筋搭接长度

（1）当纵向受拉钢筋的绑扎搭接接头面积百分率不大于 25% 时，其最小搭接长度应符合表 2-1 的规定。

（2）当纵向受拉钢筋搭接接头面积百分率为 50% 时，其最小搭接长度应按表 2-1 中的数值乘以系数 1.15 取用；当接头面积百分率为 100% 时，应按表 2-1 中的数值乘以系数 1.35 取用。搭接位置等

图 2-10 同一连接区段

见图 2-13～图 2-15。

凡搭接接头中点位于该连接区段长度内的搭接接头均属于同一连接区段

同一构件中相邻纵向受力钢筋的绑扎搭接接头宜相互错开

图 2-11　钢筋搭接范围

当柱中纵向受力钢筋直径大于25mm 时，应在搭接接头两个端面外100mm范围内各设置两根箍筋，其间距宜为50mm

图 2-12　角柱箍筋的加密

纵向受拉钢筋的最小搭接长度　　　　　　　　　　表 2-1

钢筋类型		混凝土强度等级								
		C20	C25	C30	C35	C40	C45	C50	C55	≥C60
光面钢筋	300 级	$48d$	$41d$	$37d$	$34d$	$31d$	$29d$	$28d$	—	—
带肋钢筋	335 级	$46d$	$40d$	$36d$	$33d$	$30d$	$29d$	$27d$	$26d$	$25d$
	400 级	—	$48d$	$43d$	$39d$	$36d$	$34d$	$33d$	$31d$	$30d$
	500 级	—	$58d$	$52d$	$47d$	$43d$	$41d$	$39d$	$38d$	$36d$

注：两根直径不同钢筋的搭接长度，以较细钢筋的直径计算。

2.1.7　钢筋搭接接头面积百分率

位于同一连接区段内受拉钢筋搭接接头面积百分率：对梁类、板类及墙类构件，不宜大于 25%；对柱类构件不宜大于 50%。当工程中确有必要增大受拉钢筋搭接接头面积百分率时，对梁类构件不宜大于50%；对板、墙、柱及预制构件的拼接处，可根据实际情况放宽。当钢筋采用绑扎搭接时，应按每根钢筋错开搭接的方式连接。接头面积百分率应按同一连接区段内所有的单根钢筋计算。并筋中钢筋的搭接长度应按单筋分别计算。

图 2-13　钢筋搭接位置

图 2-14　接头面积百分率大于50%　　　　图 2-15　纵向受力最小锚固长度

2.1.8　钢筋安装

（1）钢筋安装时，要全数检查受力钢筋的牌号、规格和数量，其必须符合设计要求。

（2）钢筋应安装牢固，受力钢筋的安装位置、锚固方式应符合设计要求。

（3）钢筋安装偏差及检验方法应符合表2-2的规定，受力钢筋保护层厚度的合格点率应达到90%以上，且不得有超过表中数值1.5倍的尺寸偏差。

钢筋安装允许偏差和检验方法　　　　表 2-2

项　目		允许偏差 （mm）	检验方法
绑扎钢筋网	长、宽	±10	尺量
	网眼尺寸	±20	尺量连续三档，取最大偏差值
绑扎钢筋骨架	长	±10	尺量
	宽、高	±5	尺量
纵向受力钢筋	锚固长度	−20	尺量
	间距	±10	尺量两端、中间各一
	排距	±5	点，取最大偏差值
纵向受力钢筋、箍筋的 混凝土保护层厚度	基础	±10	尺量
	柱、梁	±5	尺量
	板、墙、壳	±3	尺量
绑扎钢筋、横向钢筋间距		±20	尺量连续三档 取最大偏差值
钢筋弯起点位置		20	尺量
预埋件	中心线位置	5	尺量
	水平高差	+3,0	塞尺量测

注：检查中心线位置时，沿纵、横两个方向测量，并取其中偏差的较大值。

2.1.9　钢筋绑扎

墙、柱、梁钢筋骨架中各垂直面钢筋网交叉点应全部扎牢；板上部钢筋网的交叉点应全部扎牢，底部钢筋网除边缘部分外其他部位可间隔交错扎牢；梁及柱中箍筋、墙中水平分布钢筋及暗柱箍筋、板中钢筋距构件边缘的距离宜为 50mm（见图 2-16）。

（1）钢筋的绑扎搭接接头应在接头中心和两端用铁丝扎牢。见图 2-17、图 2-18。

（2）剪力墙、柱钢筋绑扎。

墙、柱钢筋骨架中各竖向面钢筋网交叉点应全数绑扎；钢筋长度下料准确，接

> 墙、柱、梁钢筋骨架中各垂直面钢筋网交叉点应全部扎牢；板上部钢筋网的交叉点应全部扎牢，底部钢筋网除边缘部分外其他部位可间隔交错扎牢

> 梁及柱中箍筋、墙中水平分布钢筋及暗柱箍筋、板中钢筋距构件边缘的距离为50mm

图 2-16　钢筋的绑扎及箍筋的加密

图 2-17　搭接长度

每个绑扎搭接接头至少在接头中心和两端用铁丝扎牢

图 2-18　绑扎搭接接头

头位置控制准确，为了使钢筋接头位置保持一致高度，从基础插筋开始，每两层实测一次钢筋接头高度，钢筋下料的长度需要根据实测值进行调整，以抵消累积误差带来的钢筋接头位置高低不均。箍筋尺寸下料准确，绑扎间距准确、均匀，保护层控制到位。见图 2-19、图 2-20。

采用箍筋定位尺绑扎剪力墙暗柱箍筋及水平筋，箍筋间距准确、均匀一致

剪力墙钢筋接头几乎在同一高度，安装规范、美观，保护层控制到位

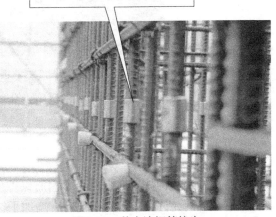

图 2-19　剪力墙暗柱箍筋及水平筋的绑扎　　　　图 2-20　剪力墙钢筋接头

（3）梁钢筋绑扎。

梁钢筋骨架中各竖向面钢筋网交叉点应全数绑扎。见图 2-21。

梁钢筋骨架中各竖向面钢筋网不包括梁顶、梁底的钢筋网

图 2-21　梁钢筋骨架中各竖向面钢筋交叉点

（4）板钢筋绑扎

板上部钢筋网的交叉点应全数绑扎，底部钢筋网除边缘部分外可间隔交错绑扎。见图 2-22。

板钢筋绑扎，底部钢筋网除边缘部分外可间隔交错绑扎，上部钢筋网的交叉点应全数绑扎

图 2-22　板钢筋的绑扎

（5）梁、柱的箍筋弯钩及焊接封闭箍筋的焊点应沿纵向受力钢筋方向错开设置。见图 2-23。

2.1.10　受力钢筋保护层

梁类、板类构件上部纵向受力钢筋保护层厚度的合格点率应达到 90% 及以上，同时对钢筋安装的允许偏差做出了规定，增加了锚固长度偏差值的检查。其中按现行国家标准

《混凝土结构设计规范》GB 50010—2010 的规定，箍筋和受力主筋的保护层应分别满足最小保护层要求和不小于受力主筋直径的要求。增加了锚固长度偏差的检验，并规定允许负偏差不大于 20mm。

梁箍筋弯钩沿纵向受力钢筋方向错开设置，目的是为了保证构件不存在明显薄弱的受力方向

2.1.11　钢筋保护层厚度检验

钢筋保护层厚度检验的结构部位，应由监理（建设）、施工等各方根据结构构件的重要性共同选定；钢筋保护层厚度检验的结构部位和构件数量，应符合下列要求：

（1）对梁类、板类构件应各抽取构件数量的 2%，且不少于 5 个构件进行检验（见图 2-24）；当有悬挑构件时，抽取的构件中悬挑梁类、板类构件所占比例均不宜小于 50%。对选定的梁类构件，应对全部纵向受力钢筋的保护层厚度进行检验；对选定的板类构件，应抽取不少于 6 根纵向受力钢筋的保护层厚度进行检验。对每根钢筋应选择有代表性的不同部位量测 3 点取平均值。

图 2-23　梁柱的箍筋及焊接
封闭箍筋的焊点

（2）钢筋保护层厚度的检验，可采用非破损或局部破损的方法，也可采用非破损方法并用局部破损方法进行校准。当采用非破损方法检验时，所使用的检测仪器应经过计量检验，检测操作应符合相应规程的规定，钢筋保护层厚度检验的检测误差不应大于 1mm。

（3）钢筋保护层厚度验收合格应符合下列规定：

当全部钢筋保护层厚度检验的合格率为 90% 及以上时，钢筋保护层厚度的检验结果应判为合格；当全部钢筋保护层厚度检验的合格率小于 90% 但不小于 80% 时，可再抽取相同数量的构件进行检验；当按两次抽样总和计算的合格率为 90% 及以上时，钢筋保护层厚度的检验结果仍应判为合格；每次抽样检验结果中不合格点的最大偏差均不应大于：对梁类构件为 +10mm，-7mm；对板类构件为 +8mm，-5mm（见图 2-25）。钢筋保护层厚度控制措施：合理使用垫块可以保证钢筋及箍筋不位移、不下沉，钢筋下料准确。见图 2-26、图 2-27。

钢筋保护层厚度检验对梁类、板类构件应各抽取构件数量的2%，且不少于5个构件进行检验

图 2-24　墙体保护层厚度检测

钢筋保护层厚度检验时，纵向受力钢筋保护层厚度的允许偏差对梁类构件为+10mm，－7mm

对板类构件为+8mm，－5mm。对梁类、板类构件纵向受力钢筋的保护层厚度，应分别进行验收

图 2-25　梁部保护层厚度检测

混凝土垫块

图 2-26　钢筋保护层混凝土垫块

塑料垫块

图 2-27　钢筋保护层塑料垫块

2.1.12　预应力筋

预应力筋应用砂轮锯或切断机切断（见图 2-28），不得采用电弧切割，防止电弧焊时预应力筋与其他钢筋产生打火，造成预应力筋局部损伤，从而导致预应力筋断裂。

预应力筋应用砂轮锯或切断机切断，不得采用电弧切割

图 2-28　切割机

2.1.13　预应力筋张拉或放张

预应力筋张拉或放张时，混凝土强度应符合设计要求；当设计无具体要求时，不应低

于设计的混凝土立方体抗压强度标准值的 75%。预应力筋张拉、张放或放张顺序及张拉工艺应符合设计及施工技术方案的要求，并应符合《混凝土结构设计规范》GB 50010—2010 的规定；张拉工艺应能保证同一束钢丝各根预应力筋的应力均匀一致；后张法施工中，当预应力筋采用逐根或逐束张拉时，应保证各阶段不出现对结构不利的应力状态，同时考虑后批张拉预应力筋所产生的结构构件的弹性压缩对先批张拉预应力筋的影响，确定张拉力；先张法预应力筋放张时，宜缓慢放松锚固装置（见图 2-29），使各根预应力筋同时缓慢放松。预应力筋张拉如图 2-30～图 2-32 所示。

钢丝束两端采用镦头锚具时，同一束中各根钢丝长度的极差不应大于钢丝长度的1/5000，且不应大于5mm

图 2-29　锚具

预应力是在结构使用前，通过先张法或后张法预先对构件混凝土施加的压应力。施加预应力的优点：提高结构的抗裂性、刚度及抗渗性，能够充分发挥材料的性能，节约钢材。缺点：构件的施工、计算及构造较复杂，且延性较差。

常用的预应力筋有钢丝、钢绞线、热处理钢筋等。预应力筋在进场时，应按照国家现行相关标准规定抽取试件做抗拉强度、伸长率检验，其检验结果必须符合国家现行标准规范。《预应力混凝土用钢绞线》GB/T 5224—2014（检验批由同一牌号、同一规格、同一生产工艺捻制的钢绞线组成，每批质量不大于 60t）、《预应力混凝土用钢丝》GB/T 5223—2014（检验批由同一牌号、同一规格、同一加工状态的钢丝组成，每批质量不大于 60t）、《中强度预应力混凝土用钢丝》YB/T 156—1999（检验批由同一牌号、同一规格、同一强度等级、同一生产工艺制作的钢丝组成，每批质量不大于 60t）、《预应力混凝土用螺纹钢筋》GB/T 20065—2006（检验批由同一炉罐号、同一规格、同一交货状态的钢筋

图 2-30　预应力筋张拉

后张法施工

图 2-31　预应力筋后张处理

图 2-32　预应力筋先张处理

组成，每批质量大于 60t 的钢筋，超过 60t 的部分，每增加 40t，增加一个拉伸试样）、《环氧涂层七丝预应力钢绞线》GB/T 21073—2007（检验批由同一公称直径、同一强度级别的预应力钢绞线经同一生产工艺制作的环氧涂层钢绞线组成，每批质量不大于 60t）、《高强度低松弛预应力热镀锌钢绞线》YB/T 152—1999（检验批由同一牌号、同一规格、同一生产工艺的钢绞线组成，每批质量不大于 100t）、《无粘结预应力钢绞线》JG 161—2004（检验批由同一钢号、同一规格、同一生产工艺生产的钢绞线组成，每批质量不大于 60t）等的要求。

预应力筋是预应力分项工程中最重要的额原材料，进场时应根据进场批次和产品的抽样检验方案确定检验批，进行抽样复验。由于厂家提供的预应力筋产品合格证内容与格式不尽相同，为统一及明确有关内容，要求厂家除了提供产品合格证以外，还应提供可以反映预应力筋主要性能的出厂检验报告，两个合并提供。抽检仅做主要的力学性能试验。

2.1.14　预应力筋用锚具、夹具和连接器

预应力筋用锚具、夹具和连接器进场时，应按现行行业标准《预应力筋用锚具、夹具和连接器应用技术规程》JGJ 85—2010 的相关规定进行检验，其检验结果应符合该标准的规定。预应力筋需要代换时，应进行专门的计算，并应经原设计单位确认。

施加预应力时，同条件养护的混凝土立方体抗压强度应符合设计要求，或不应低于设计强度等级值的 75%。

2.1.15　钢筋验收

钢筋在施工现场经现场技术人员和质检员验收合格后，报给现场监理单位（业主，甚至有质量监督单位），由现场监理工程师组织验收钢筋，主要结合实际混凝土强度等级、钢筋种类以及建筑抗震等级来确定钢筋的锚固长度。对照施工图纸核对钢筋规格与大小，查验钢筋间距、起点、列距、排距，钢筋锚固长度，保护层垫块、马凳的放置与厚度，轴线是否偏移、梁高、板厚，钢筋搭接位置、搭接率、搭接长度，搭接焊接、套筒连接的质量，箍筋加密区的长度、高度，梁柱节点处的柱箍筋的绑扎质量，主次梁交接处的加强处理，飘板受力钢筋的放置与绑扎，绑扣的质量、数量、方向，洞口侧边、砌体墙下的加强筋。见图 2-33。

图 2-33　钢筋隐蔽验收

2.2　平法图集

2.2.1　平法图集相关介绍

随着国民经济的发展和建筑设计标准化水平的提高，近年来各设计单位采用一些较为方便的图示方法，为了规范各地的图示方法，中华人民共和国建设部于 2003 年 1 月 20 日下发通知，批准《混凝土结构施工图平面整体表示方法制图规则和构造详图》作为国家建筑标准设计图集（简称"平法"图集），图集号为 03G101-1，自 2003 年 2 月 15 日开始执行。2011年对 03G101-1 进行了修改，新图集号为 11G101-1、11G101-2、11G101-3。见图 2-34。

(a)　　　　　　　　　　　　(b)　　　　　　　　　　　　(c)

图 2-34　混凝土结构施工图平面整体表示方法制图规则和构造详图

(a) 16G101-1；(b) 16G101-1；(c) 16G101-1

1. 表示方法与传统表示方法的区别

把结构构件的尺寸和配筋等，按照平面整体表示方法的制图规则，整体直接地表示在各类构件的结构布置平面图上，再与标准构造详图配合，结合成了一套新型完整的结构设计表示方法。改变了传统的将构件（柱、剪力墙、梁）从结构平面设计图中索引出来，再逐个绘制模板详图和配筋详图的烦琐办法。

平法适用的结构构件为柱、剪力墙、梁 3 种。内容包括两大部分，即平面整体表示图和标准构造详图。在平面布置图上表示各种构件尺寸和配筋方式。表示方法分平面注写方式、列表注写方式和截面注写方式 3 种。

2. 常用构件代号

常用构件代号见表 2-3。

2.2.2 钢筋锚固

1. 锚固的含义

钢筋混凝土结构中钢筋之所以能够受力，主要是依靠钢筋和混凝土之间的粘结锚固作用，因此钢筋的锚固是混凝土结构受力的基础。如锚固失效，则结构将丧失承载能力并由此导致结构破坏。

常用构件代号 表 2-3

序号	名 称	代号	序号	名 称	代号	序号	名 称	代号
1	板	B	15	吊车梁	DL	29	基础	J
2	屋面板	WB	16	圈梁	QL	30	设备基础	SJ
3	空心板	KB	17	过梁	GL	31	桩	ZH
4	槽形板	CB	18	连系梁	LL	32	柱间支撑	ZC
5	折板	ZB	19	基础梁	JL	33	垂直支撑	CC
6	密肋板	MB	20	楼梯梁	TL	34	水平支撑	SC
7	楼梯板	TB	21	檩条	LT	35	梯	T
8	挡雨板或沟盖板	GB	22	屋架	WJ	36	雨篷	YP
9	挡雨板或檐口板	YB	23	托架	TJ	37	阳台	YT
10	吊车安全走道板	DB	24	天窗架	DJ	38	梁垫	LD
11	墙板	QB	25	框架	KJ	39	预埋件	M
12	天沟板	TGB	26	刚架	GJ	40	天窗端壁	TD
13	梁	L	27	支架	ZJ	41	钢筋网	W
14	屋面梁	WL	28	柱	Z	42	钢筋骨架	G

钢筋的锚固长度一般指梁、板、柱等构件的受力钢筋伸入支座或基础中的总长度，可以直线锚固和弯折锚固。弯折锚固长度包括直线段和弯折段。

2. 基本表达符号

《混凝土结构设计规范》GB 50010—2010 中关于受拉钢筋锚固的指标包括基本锚固长度 l_{ab}、抗震基本锚固长度 l_{abE}、锚固长度 l_a、抗震锚固长度 l_{aE}。

基本锚固长度 l_{ab}：充分利用纵向受拉钢筋的抗拉强度而不发生粘结破坏所需要的最小锚固长度。

锚固长度 l_a：受力钢筋依靠其表面与混凝土的粘结作用或端部构造的挤压作用而达到设计承受应力所需的长度。

相应锚固长度数值直接查表 2-4～表 2-7 可得。

受拉钢筋基本锚固长度 l_{ab}

表 2-4

钢筋种类	混凝土强度等级								
	C20	C25	C30	C35	C40	C45	C50	C55	≥C60
HPB300	39d	34d	30d	28d	25d	24d	23d	22d	21d
HRB335、HRBF335	38d	33d	29d	27d	25d	23d	22d	21d	21d
HRB400、HRBF400 RRB400	—	40d	35d	32d	29d	28d	27d	26d	25d
HRB500、HRBF500	—	48d	43d	39d	36d	24d	32d	31d	30d

抗震设计时受拉钢筋基本锚固长度 l_{abE}

表 2-5

钢筋种类		混凝土强度等级								
		C20	C25	C30	C35	C40	C45	C50	C55	≥C60
HPB300	一、二级	45d	39d	35d	32d	29d	28d	26d	25d	24d
	三级	41d	36d	32d	29d	26d	25d	24d	23d	22d
HRB335 HRBF335	一、二级	44d	38d	33d	31d	29d	26d	25d	24d	24d
	三级	40d	35d	31d	28d	26d	24d	23d	22d	22d
HRB400 HRBF400	一、二级	—	46d	40d	37d	33d	32d	31d	30d	29d
	三级	—	42d	37d	34d	30d	29d	28d	27d	26d
HRB500 HRBF500	一、二级	—	55d	49d	45d	41d	39d	37d	26d	35d
	三级	—	50d	45d	41d	38d	36d	34d	33d	32d

受拉钢筋锚固长度 l_a

表 2-6

钢筋种类	混凝土强度等级																	
	C20		C25		C30		C35		C40		C45		C50		C55		≥C60	
	d≤25	d>25	d≤25	d>25	d≤25	d>25	d≤25	d>25	d≤25	d>25	d≤25	d>25	d≤25	d>25	d≤25	d>25	d≤25	d>25
HPB300	39d		34d	—	30d	—	28d	—	25d	—	24d	—	23d	—	22d	—	21d	—
HRB335、HRBF335	38d		33d	—	29d	—	27d	—	25d	—	23d	—	22d	—	21d	—	21d	—
HRB400、HRBF400 RRB400			40d	44d	35d	39d	32d	35d	29d	32d	28d	31d	27d	30d	26d	29d	25d	28d
HRB500、HRBF500			48d	53d	43d	47d	39d	43d	36d	40d	34d	37d	32d	35d	31d	34d	30d	33d

3. 钢筋锚固原则

（1）梁受拉钢筋在端支座的弯锚，其弯锚直段≥$0.4l_{aE}$，弯钩段为 $15d$，并应进入边柱的"竖向锚固带"，且应使钢筋弯钩不与柱纵筋平行接触的原则（边柱的"竖向锚固带"的宽度为：柱中线过 $5d$ 至柱纵筋内侧之间，见图 2-35）。

（2）受力纵筋在端支座的锚固不应全走保护层的原则，当水平段走混凝土保护层时，弯钩段应在尽端角筋内侧"扎入"钢筋混凝土内。

受拉钢筋抗震锚固长度 l_{aE} 表 2-7

钢筋种类及抗震等级		混凝土强度等级															
		C20	C25		C30		C35		C40		C45		C50		C55		≥C60
		d≤25	d≤25	d>25	d≤25	d>25	d≤25	d>25	d≤25	d>25	d≤25	d>25	d≤25	d>25	d≤25	d>25	d≤25	d>25
HPB300	一、二级	45d	39d	—	35d	—	32d	—	29d	—	28d	—	26d	—	25d	—	24d	—
	三级	41d	36d	—	32d	—	29d	—	26d	—	25d	—	24d	—	23d	—	22d	—
HRB335 HRBF335	一、二级	44d	38d	—	33d	—	31d	—	29d	—	26d	—	25d	—	24d	—	24d	—
	三级	40d	35d	—	30d	—	28d	—	26d	—	24d	—	23d	—	22d	—	22d	—
HRB400 HRBF400	一、二级	—	46d	51d	40d	45d	37d	40d	33d	37d	32d	36d	31d	35d	30d	33d	29d	32d
	三级	—	42d	46d	37d	41d	34d	37d	30d	34d	29d	33d	28d	32d	27d	30d	26d	29d
HRB500 HRBF500	一、二级	—	55d	61d	49d	54d	45d	49d	41d	46d	39d	43d	37d	40d	36d	39d	35d	38d
	三级	—	50d	56d	45d	49d	41d	45d	38d	42d	36d	39d	34d	37d	33d	36d	32d	35d

注：1. 当为环氧树脂涂层带肋钢筋时，表中数据尚应乘以 1.25。

2. 当纵向受拉钢筋在施工过程中易受扰动时，表中数据尚应乘以 1.1。

3. 当锚固长度范围内纵向受力钢筋周边保护层厚度为 $3d$、$5d$（d 为锚固钢筋的直径）时，表中数据可分别乘以 0.8、0.7；中间时按内插值。

4. 当纵向受拉普通钢筋锚固长度修正系数（注1～注3）多于一项时，可按连乘计算。

5. 受拉钢筋的锚固长度 l_a、l_{aE} 计算值不应小于 200。

6. 四级抗震时，$l_{aE} = l_a$。

图 2-35 抗震楼层框架梁 KL

（3）当抗震框架梁往中柱支座直通锚固时，纵筋应过中线＋5d 且≥l_{aE} 的原则。

（4）梁受拉纵筋受力弯钩为 15d，柱偏拉纵筋弯钩、钢筋构造弯钩为 12d 的原则。见图 2-36。

非框架梁配筋构造
（梁上部通长筋连接要求见注2）

注：1. 跨度值 l_n 为左跨 l_{ni} 和右跨 l_{ni+1} 之较大值，其中 $i=1,2,3\cdots\cdots$
2. 当梁上部有通长钢筋时，连接位置宜位于跨中 $l_{ni}/3$ 范围内；
3. 梁下部钢筋连接位置宜位于支座 $l_{ni}/4$ 范围内；且在同一连接区段内钢筋接头面积百分率不宜大于50%。
3. 钢筋连接要求见本图集第59页。
4. 当梁纵筋(不包括侧面G打头的构造筋及架立筋)采用绑扎搭接接长时，搭接区内箍筋直径及间距要求见本图集第59页。
5. 当梁纵筋兼做温度应力筋时，梁下部钢筋锚入支座长度由设计确定。
6. 梁侧面构造钢筋要求见本图集第90页。

图 2-36　非框架梁 L 配筋构造

（5）墙身的第一根竖向钢筋、板的第一根钢筋距离最近构件内的相平行钢筋为墙身竖向钢筋与板筋分布间距 1/2 的原则。

（6）当两构件配筋"重叠"时不重复设置且取大者的原则。

（7）节点内钢筋锚固不应平行接触的原则。

（8）框架梁端支座宽度变化导致梁纵筋锚固形状变化，楼层框架梁和屋面框架梁端部构造也有区别见图 2-37。

图 2-37　端支座锚固

2.2.3 钢筋种类

钢筋种类很多，通常按化学成分、生产工艺、轧制外形、供应形式、直径大小，以及在结构中的用途进行分类。

（1）按直径大小分

钢丝（直径3～5mm）、细钢筋（直径6～10mm）、粗钢筋（直径大于22mm）。

（2）按力学性能分

Ⅰ级钢筋（300/420级）、Ⅱ级钢筋（335/455级）、Ⅲ级钢筋（400/540级）和Ⅳ级钢筋（500/630级）。

（3）按生产工艺分

热轧、冷轧、冷拉的钢筋，还有将Ⅳ级钢筋进行经热处理而成的热处理钢筋，强度比前者更高。

（4）按在结构中的作用分

受压钢筋、受拉钢筋、架立钢筋、分布钢筋、箍筋等。

配置在钢筋混凝土结构中的钢筋，按其作用可分为下列几种：

（1）受力筋——承受拉、压应力的钢筋。见图2-38。

（2）分布筋——用于屋面板、楼板内，与板的受力筋垂直布置，将承受的重量均匀地传给受力筋，并固定受力筋的位置，以及抵抗热胀冷缩所引起的温度变形。见图2-39。

底部受力钢筋

与负弯矩筋垂直绑扎、共同形成钢筋网片的为分布筋

图2-38 楼板钢筋

单向板短跨钢筋置于长的下面，以形成较大的内力臂来抗弯；双向板短的在下面

图2-39 板的示意图

（a）四边支承双向板 $L/B \leqslant 2$；（b）四边支承单向板 $L/B \geqslant 3$

（3）架立筋——用以固定梁内钢箍的位置，构成梁内的钢筋骨架。见图 2-40、图 2-41。

图 2-40 梁截面

（4）箍筋——承受一部分斜拉应力，并固定受力筋的位置，多用于梁和柱内。见图 2-42、图 2-43。

（5）其他——因构件构造要求或施工安装需要而配置的构造筋。如腰筋、预埋锚固筋等。

图 2-41 架立筋的布置

图 2-42 箍筋种类
（a）单肢箍；（b）双肢箍；（c）四肢箍；（d）六肢箍

2.2.4　钢筋下料详解

钢筋下料是指确定制作某个钢筋构件所需的材料形状、数量或质量后，从整根钢筋中取下一定形状、数量或质量的钢筋进行加工的操作过程。

1. 钢筋下料步骤

（1）看懂工程结构施工图；

（2）计算下料长度，要掌握保护层、钢筋量度差值、弯钩增加长度、箍筋调整值等概念；

（3）根据计算结果，剪切钢筋。

2. 钢筋理论（预算用量）计算与下料计算

计算钢筋长度按钢筋什么部位来计算？

支承在砌体结构上的钢筋混凝土独立梁，在纵向受力钢筋的锚固长度 L_{as} 范围内应设置不少于两道箍筋，当梁与混凝土梁或柱整体连接时，支座内可不设置箍筋

图 2-43 双肢箍

下料计算：按钢筋中轴线计算；

理论计算：按钢筋外皮计算。

3. 钢筋计算方法

有按甲方要求的，按国家规范的，按当地定额的，按地方标准的，按标准图集等，均没有统一的计算规则。

4. 常用的钢筋计算公式

钢筋工程量计算原理如图 2-44 所示。

直钢筋下料长度＝构件长度＋弯钩增加长度－保护层厚度

弯起钢筋下料长度＝直段长度＋斜段长度－弯曲调整值＋弯钩增加长度

箍筋下料长度＝箍筋周长＋箍筋调整值

量度差值及弯钩增加长度分别如表 2-8 和表 2-9 所示。

图 2-44 钢筋工程量计算原理

量度差值					表 2-8
钢筋弯曲角度（°）	30	45	60	90	135
量度差值（mm）	$0.35d$	$0.5d$	$0.85d$	$2d$	$2.5d$

注：d 为钢筋直径。

弯钩增加长度					表 2-9
钢筋直径 d（mm）	≤6	8～10	12～18	20～28	32～36
一个弯钩长度（mm）	$4d$	$6d$	$5.5d$	$5d$	$4.5d$

2.3 钢筋机械连接、焊接技术规程

2.3.1 钢筋连接说明

钢筋连接是混凝土结构构件中，钢筋长度不够时，按一定要求将两根钢筋互相叠合而形成的连接。见图 2-45、图 2-46。

图 2-45 钢筋连接说明

钢筋连接方式主要有绑扎搭接、机械连接和电焊连接 3 种（见图 2-46）。

图 2-46 钢筋的几种连接方式

（*a*）焊接连接（闪光对焊）；（*b*）机械连接（套筒挤压）；（*c*）焊接连接（电渣压力焊）；（*d*）机械连接（镦粗钢筋直螺纹连接）

（1）绑扎搭接：钢筋搭接是指两根钢筋相互有一定的重叠长度，用扎丝绑扎的连接方法，适用于较小直径的钢筋连接。一般用于混凝土内的加强筋网，经纬均匀排列，不用焊接，只需铁丝固定。见图 2-47。

位于同一连接区段内的受拉钢筋搭接接头面积百分率：梁类、板类及墙类构件，不宜超过 25%；基础筏板不宜超过 50%；柱类构件不宜超过 50%；当工程中确有必要增大接头面积百分率时，对梁类构件不应大于 50%。

图 2-47 绑扎搭接

（2）机械连接：机械连接是一项新型钢筋连接工艺，被称为继绑扎、电焊之后的"第三代钢筋接头"，具有接头强度高于钢筋母材、速度比电焊快 5 倍、无污染、节省钢材 20% 等优点。见图 2-48。

（3）电焊连接：电焊连接是用焊机的二次大电流将要连接的部件或材料融化，冷却后使其连接在一起，期间要连接的材料或部件本体上通过了电流。见图 2-49。

结构构件中纵向受力钢筋的接头宜相互错开，钢筋机械连接的连接区段长度应按35d 计算d(为被连接钢筋中的较大直径)

图 2-48 机械连接

在受压区不宜大于50%；接头不宜设置在有抗震设防要求的框架梁端、柱端的箍筋加密区；当无法避开时，对等强度高质量机械连接接头，不应大于50%；直接承受动力荷载的结构构件中，不宜采用焊接接头；当采用机械连接接头时，不应大于50%。钢筋的接头宜设置在受力较小处。同一纵向受力钢筋不宜设置两个或两个以上接头。接头末端至钢筋弯起点的距离不应小于钢筋直径的10倍

图 2-49 电焊连接

2.3.2　钢筋连接要求

（1）绑扎搭接。见图 2-50～图 2-52。

若采用绑扎搭接接头，则相邻纵向受力钢筋的绑扎搭接接头宜相互错开；钢筋绑扎搭接接头连接区段的长度为1.3倍搭接长度（L_a）；凡搭接接头中点位于该区段内的搭接接头均属于同一连接区段；位于同一区段内的受拉钢筋搭接接头面积百分率为25%

图 2-50　梁钢筋绑扎搭接

钢筋连接的接头宜设置在受力较小处。接头末端至钢筋弯起点的距离不应小于钢筋直径的10倍;当钢筋的直径$d>16$mm时，不宜采用绑扎搭接接头

图 2-51　板钢筋绑扎搭接 1

搭接长度范围内的箍筋应加密。当搭接钢筋为受拉时，其箍筋间距不应大于$5d$，且不应大于100mm；当搭接钢筋为受压时，其箍筋间距不应大于$10d$，且不应大于200 mm（d为受力钢筋中的最小直径）

图 2-52　板钢筋绑扎搭接 2

（2）机械连接。见图 2-53～图 2-56。

> 纵向受力钢筋采用机械连接接头或焊接接头时，连接区段的长度为35d(d为纵向受力钢筋的较大值)且不小于50mm。同一连接区段内，纵向受力钢筋的接头面积百分率应符合设计规定，当设计无规定时，应符合下列规定：①在受拉区不宜大于50%；②直接承受动力荷载的基础中，不宜采用焊接接头；当采用机械连接接头时，不应大于50%

> 接头宜避开有抗震设防要求的框架的梁端、柱端箍筋加密区；当无法避开时，应采用Ⅱ级接头或Ⅰ级接头，且接头百分率不应大于50%

图 2-53 锥螺纹连接接头 1

图 2-54 锥螺纹连接接头 2

> 接头连接件的屈服承载力和受拉承载力的标准值不应小于被连接钢筋的屈服承载力和受拉承载力标准值的1.10倍。钢筋机械连接的连接区段长度按35d计算

> 对直接承受动力荷载的结构构件，接头百分率不应大于50%

> 受拉钢筋应力较小部位或纵向受压钢筋，接头百分率可不受限制

图 2-55 锥螺纹连接接头 3

图 2-56 套管挤压连接接头

钢筋直螺纹加工应符合下列规定。见图 2-57～图 2-67。

> 钢筋端部应切平或镦平后再加工螺纹；墩粗头不得有与钢筋轴线相垂直的横向裂纹

图 2-57 螺纹头

钢筋丝头长度应满足企业标准中产品设计要求，公差应为0～2.0p（p为螺距）

图 2-58　钢筋丝头 1

钢筋丝头宜满足6f级精度要求，应采用专用直螺纹量规检验，通规能顺利旋入并达到要求的拧入长度，止规旋入不得超过3p。抽检数量10%，检验合格率不应小于95%

图 2-59　钢筋丝头 2

钢筋丝头的锥度和螺距应使用专用锥螺纹量规检验；抽检数量10%，检验合格率不应小于95%

图 2-60　钢筋丝头 3

安装接头时可用管钳扳手拧紧，应使钢筋丝头在套筒中央位置相互顶紧。标准型接头安装后的外露螺纹不宜超过2p

图 2-61　标准型接头

如有1个试件的抗拉强度不符合要求，应再取6个试件进行复检。复检中如仍有1个试件的抗拉强度不符合要求，则该验收批应评为不合格

图 2-62　锥螺纹连接接头 1

现场检验连续10个验收批抽样试件抗拉强度试验一次合格率为100%时，验收批接头数量可扩大1倍

图 2-63　锥螺纹连接接头 2

现场截取抽样试件后，原接头位置的钢筋允许采用同等规格的钢筋进行搭接连接，或采用焊接及机械连接方法补接

图 2-64　锥螺纹连接接头 3

钢筋端部不得有影响螺纹加工的局部弯曲；钢筋丝头长度应满足设计要求，拧紧后的钢筋丝头不得相互接触，丝头加工长度公差应为 $-0.5p \sim 1.5p$

图 2-65　钢筋端部大样

1—钢筋；2—套筒

钢筋端部不得有局部弯曲，不得有严重锈蚀和附着物；钢筋端部应有检查插入套筒深度的明显标记，钢筋端头离套筒中心点长度不宜超过10mm

挤压应从套筒中央开始，依次向两端挤压，压痕直径的波动范围应控制在供应商认定的允许波动范围内，并提供专用量规进行检查。挤压后的套筒不得有肉眼可见的裂纹

图 2-66　钢筋挤压系列（钢套筒、
挤压模、试件、卡规）

图 2-67　套管挤压连接接头

（3）钢筋焊接。见图 2-68～图 2-73。

进行电阻点焊、闪光对焊、电渣压力焊或埋弧压力焊时，应随时观察电源电压的波动情况

钢筋焊接施工之前，应清除钢筋或钢板焊接部位和与电极接触的钢筋表面上的锈斑油污、杂物等；钢筋端部若有弯折、扭曲时，应予以矫直或切除

图 2-68　电渣压力焊连接

图 2-69　电弧焊连接 1

对于电阻点焊或闪光对焊，当电源电压下降大于5%、小于8%时，应采取提高焊接变压器级数的措施；当大于或等于8%时，不得进行焊接

帮条焊时，帮条直径、级别应与被焊钢筋一致，双面焊缝帮条长度不得小于5d，单面焊缝不得小于10d。帮条与被焊钢筋的轴线应在同一平面上，主筋端面间隙应为2～5mm

图 2-70　电弧焊连接 2

图 2-71　电弧焊连接 3

对于电渣压力焊或埋弧压力焊，当电源电压下降大于5%时，不宜进行焊接

焊缝高度应等于或大于0.3d，并不得小于4mm，宽度应等于或大于0.8d，并不得小于8mm

图 2-72　电弧焊连接 4

图 2-73　电弧焊连接 5

钢筋连接方式优缺点介绍。见图 2-74～图 2-76。

绑扎搭接连接是一种比较可靠的连接方式，质量容易保证，仅靠现场检测即可确保质量，且施工非常简便，不需特殊的技术，因而应用方面也最广泛，至今仍是水平钢筋连接的主要形式

钢筋较粗时，绑扎搭接施工困难且容易产生较宽的裂缝，因此对其直径有明确限制。绑扎搭接连接浪费钢筋，绑扎搭接接头浪费主受力钢筋，而且也增加了箍筋的用量，绑扎搭接接头区段的箍筋用量相当于非接头区域的2倍

图 2-74　绑扎搭接

焊接连接节省了大量钢材，且其价格也低于机械连接。在保证质量的情况下可优先选用焊接连接。若焊接质量可靠，则不存在强度、刚度、恢复性能、破坏性能等方面的缺陷，是十分理想的连接方式

焊接的方式主要有：闪光对焊、电弧焊、电渣压力焊、气压焊、电焊等多种形式，图为闪光对焊

焊接热量会影响钢筋材质，改变其力学性能。而且目前尚无简便有效的检测手段，如虚焊、气泡、夹渣、内裂缝等缺陷以及内应力还很难通过现场检测加以消除

图 2-75　焊接连接

机械连接的主要方式有：径向和轴向挤压连接、锥螺纹连接、镦粗直螺纹连接、滚轧直螺纹连接等形式。图为直螺纹连接

机械连接接头强度高，与母材等强；连接质量稳定、可靠；操作简单，施工速度快，工作效率高；适用范围广，适用于各种方位同、异直径钢筋的连接；现场施工不受气候条件影响；节省能源、耗电低；节省钢材等

套筒冷挤压连接由于设备笨重，工人劳动强度大，易产生漏油污染钢筋，连接速度不如螺纹连接快，套筒较大，成本比螺纹连接高。

锥螺纹连接接头强度会被削弱，影响接头性能，虽然锥螺纹连接对中性能较严，但对钢筋要求较严，钢筋不能弯曲或有马蹄形切口，否则易产生丝扣不全，给连接质量留下隐患。

镦粗切削直螺纹连接不仅工序繁锁，镦粗后的钢筋头部金相组织发生变化，不经回火处理，会产生应力集中，使延性降低，对改善接头受力不利

图 2-76　机械连接

2.4　钢筋抗震构造要求

2.4.1　三个要求

对抗震钢筋的 3 个要求见图 2-77。

（1）抗震钢筋的实测抗拉强度与实测屈服强度特征值之比不应小于 1.25；

（2）钢筋的实测屈服强度与标准规定的屈服强度特征值之比不应大于 1.30；

（3）钢筋的最大力总伸长不小于 9%。

第一条对抗震钢筋规定从屈服到拉断还应承受25%以上的拉力；
第二条保证钢筋屈服强度离散性不会过大而影响到设计对结构延性要求的效果；
第三条由对普通钢筋规定的最大力总伸长率不小于7.5%提高到不小于9%

图 2-77　抗震钢筋

2.4.2　抗震结构钢筋接头连接部位及要求

（1）柱钢筋接头的设置要求。见图 2-78。

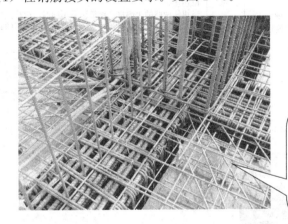

柱根部（基础顶面、嵌固面）以上和梁底面以下≥500mm且≥H_n/6(H_n/3)和≥h_c区域为非连接区，且属于柱端箍筋加密区，此范围内不应设置柱钢筋接头，施工中应注意避开。柱纵向钢筋应贯穿中间层节点。不应在中间各层节点内截断，接头应设在节点区以外

图 2-78　柱钢筋接头

（2）墙板钢筋接头的设置要求。见图 2-79。

端柱竖向钢筋连接和锚固要求与框架柱相同。矩形截面独立墙肢，当截面高度不大于截面厚度的4倍时，其竖向钢筋连接和锚固要求与框架柱相同或按设计要求设置

图 2-79　墙板钢筋接头

（3）梁接头的设置要求。见图 2-80、图 2-81。

（4）混凝土现浇板钢筋接头的设置要求。见图 2-82。

当有抗震要求时，应采用等强度高质量的机械连接接头。
梁下部纵筋贯穿中间支座时，可在梁端$L_n/4$范围内连接，在此范围内连接钢筋面积百分率不应大于50%，相邻钢筋连接接头应在支座左右错开设置。
梁的同一根纵筋在同一跨内设置的连接接头数不得多于一个。
悬臂梁的纵向钢筋不得设置连接接头

图 2-80　梁接头 1

梁下部纵向钢筋可在中间节点处锚固，也可贯穿中间节点（能通则通，减少节点区拥挤），不宜在节点内设置接头。
筏板基础梁钢筋连接范围与上部框架梁相反，基础梁下部纵筋贯穿中间支座时，可在梁跨中$L_n/3$范围内连接，上部纵筋则在梁端$L_n/4$范围内连接

单向或双向连续板的中间支座上部同向贯通纵筋，不应在支座位置连接或分别锚固。
当相邻两跨的板上部贯通纵筋配置相同，且跨中部位有足够空间连接时，可在两跨任意一跨的跨中连接部位连接。
当相邻两跨的上部贯通纵筋配置不同时，应将配置较大者越过其标注的跨数终点或起点伸至相邻跨的跨中连接区域连接

图 2-81　梁接头 2

图 2-82　混凝土现浇板钢筋接头

2.4.3　对钢筋工程接头设置的一些建议

（1）选用合适的定尺钢材，钢筋工程下料、加工过程中应预估接头连接部位，按上述要求避让非连接区，加强钢筋连接部位、接头面积百分率的检查，及时调整。

（2）图纸会审或设计交底时，对于工程某些特殊部位的钢筋接头，确需在非连接区连接的应预先提出，经设计人员书面核定后方可实施。

（3）对于因钢筋接头构造原因产生的钢筋损耗，预算人员应增补一定的钢筋。

2.5　钢筋通用图集介绍

2.5.1　图集介绍

（1）16G101-1：混凝土结构施工图平面整体表示方法制图规则和构造详图（现浇混

凝土框架、剪力墙、梁、板）

16G101-1《混凝土结构施工图平面整体表示方法制图规则和构造详图（现浇混凝土框架、剪力墙、梁、板）》是对 11G101-1《混凝土结构施工图平面整体表示方法制图规则和构造详图（现浇混凝土框架、剪力墙、梁、板）》的修编。本次修编按《中国地震动参数区划图》GB 18306—2015、《建筑抗震设计规范》GB 50011—2010 及 2016 年局部修订、《混凝土结构设计规范》（2015 版）GB 50010—2010 等新标准，结合近年来工程实践对图集提出的反馈意见，对图集原有内容进行了系统的梳理、修订，同时考虑实际工程应用需要又新增了框架扁梁等内容。

本图集适用于抗震设防烈度为 6～9 度地区的现浇混凝土框架、剪力墙、框架-剪力墙和部分框支剪力墙等主体结构施工图的设计，以及各类结构中的现浇混凝土板（包括有梁楼盖和无梁楼盖）、地下室结构部分现浇混凝土墙体、柱、梁、板结构施工图的设计。

（2）16G101-2：混凝土结构施工图平面整体表示方法制图规则和构造详图（现浇混凝土板式楼梯）

16G101-2《混凝土结构施工图平面整体表示方法制图规则和构造详图（现浇混凝土板式楼梯）》是对 11G101-2《混凝土结构施工图平面整体表示方法制图规则和构造详图（现浇混凝土板式楼梯）》的修编。本次修编按《中国地震动参数区划图》GB 18306—2015、《建筑抗震设计规范》GB 50011—2010 及 2016 年局部修订、《混凝土结构设计规范》（2015 版）GB 50010—2010 等新标准，结合近年来工程实践对图集提出的反馈意见进行完善补充。

本图集适用于抗震设防烈度为 6～9 度地区的现浇钢筋混凝土板式楼梯。图集中现浇混凝土板式楼梯包含 12 种类型，其中 AT～GT 用于非抗震设计及不参与主体结构抗震计算的楼梯；ATa、ATb、CTa、CTb 用于抗震设计但不参与主体结构抗震计算的楼梯；ATc 用于抗震设计及参与主体结构整体抗震计算的楼梯。

（3）16G101-3：混凝土结构施工图平面整体表示方法制图规则和构造详图（独立基础、条形基础、筏形基础、桩基础）

16G101-3《混凝土结构施工图平面整体表示方法制图规则和构造详图（独立基础、条形基础、筏形基础、桩基础）》是对 11G101-3《混凝土结构施工图平面整体表示方法制图规则和构造详图（独立基础、条形基础、筏形基础、桩基础）》的修编。本次修编按《中国地震动参数区划图》GB 18306—2015、《建筑抗震设计规范》GB 50011—2010 及 2016 年局部修订、《混凝土结构设计规范》（2015 版）GB 50010—2010 等新标准，结合近年来工程实践对图集提出的反馈意见进行完善补充。

本图集包括常用的现浇混凝土独立基础、条形基础、筏形基础（分为梁板式和平板式）、桩基础的平法制图规则和标准构造详图两部分内容，适用于各种结构类型的现浇混凝土独立基础、条形基础、筏形基础及桩基础施工图设计和施工。

（4）12G901-1：混凝土结构施工钢筋排布规则与构造详图（现浇混凝土框架、剪力墙、梁、板）。见图 2-83。

12G901-1《混凝土结构施工钢筋排布规则与构造详图（现浇混凝土框架、剪力墙、梁、板）》国家建筑标准设计图集是对 11G101-1《混凝土结构施工图平面整体表示方法制图规则和构造详图（现浇混凝土框架、剪力墙、梁、板）》图集构造内容、施工时钢筋排布构造的深化设计。图集可指导施工人员进行钢筋施工排布设计、钢筋翻样计算和现场安装绑扎，确保施工时钢筋排布规范有序，使实际施工建造满足规范规定和设计要求，并可辅助设计人员进行合理的构造方案选择，实现设计构造与施工建造的有机衔接，全面保证工程设计与施工质量。

（5）12G901-2：混凝土结构施工钢筋排布规则与构造详图（现浇混凝土板式楼梯）。见图2-84。

图 2-83　12G901-1　　　　　　　　　　　　　　　图 2-84　12G901-2

12G901-2《混凝土结构施工钢筋排布规则与构造详图（现浇混凝土板式楼梯）》国家建筑标准设计图集是对11G101-2《混凝土结构施工图平面整体表示方法制图规则和构造详图（现浇混凝土板式楼梯）》图集构造内容、施工时钢筋排布构造的深化设计。图集可指导施工人员进行钢筋施工排布设计、钢筋翻样计算和现场安装绑扎，确保施工时钢筋排布规范有序，使实际施工建造满足规范规定和设计要求；并可辅助设计人员进行合理的构造方案选择，实现设计构造与施工建造的有机衔接，全面保证工程设计与施工质量。

（6）12G901-3：混凝土结构施工钢筋排布规则与构造详图（独立基础、条形基础、筏形基础、桩基承台）。见图2-85。

图 2-85　12G901-3

12G901-3《混凝土结构施工钢筋排布规则与构造详图（独立基础、条形基础、筏形基础、桩基承台）》国家建筑标准设计图集是对11G101-3《混凝土结构施工图平面整体表示方法制图规则和构造详图（独立基础、条形基础、筏形基础及桩基承台）》图集构造内容、施工时钢筋排布构造的深化设计。图集可指导施工人员进行钢筋施工排布设计、钢筋翻样计算和现场安装绑扎，确保施工时钢筋排布规范有序，使实际施工建造满足规范规定和设计要求，并可辅助设计人员进行合理的构造方案选择，实现设计构造与施工建造的有机衔接，全面保证工程设计与施工质量。

2.5.2　主要内容

（1）悬臂梁平法详解。见图 2-86～图 2-90。

图 2-86　悬挑梁平法详解

图 2-87　悬挑梁钢筋绑扎轴测图

图 2-88　悬挑梁配筋构造

图 2-89　悬挑梁下弯构造

（2）框支梁平法详解。见图 2-91、图 2-92。

图 2-90　悬挑梁特殊钢筋弯折构造

图 2-91　框支梁尽端下部钢筋具体示意图

图 2-92　框支梁尽端下部钢筋绑扎示意图

（3）附加箍筋范围、附加吊筋构造。见图2-93。

（4）箍筋加密区长度规定。见图2-94、表2-10。

（5）梁加腋构造，不伸入支座的梁下部纵筋构造。见图2-95～图2-97。

梁高＞800mm
吊筋弯起60°、
梁高≤800mm
吊筋弯起45°
构造

图 2-93　附加吊筋示意图

图 2-94　箍筋加密区长度规定

抗震框架柱和小墙肢箍筋加密区高度选用表（mm） 表 2-10

柱净高 H_n(mm)	柱截面长边尺寸 h_c 或圆柱直径 D																		
	400	450	500	550	600	650	700	750	800	850	900	950	1000	1050	1100	1150	1200	1250	1300
1500																			
1800	500																		
2100	500	500	500																
2400	500	500	500	550															
2700	500	500	500	550	600	650													
3000	500	500	500	550	600	650	700												
3300	550	550	550	550	600	650	700	750	800										
3600	600	600	600	600	600	650	700	750	800	850									
3900	650	650	650	650	650	650	700	750	800	850	900	950							
4200	700	700	700	700	700	700	700	750	800	850	900	950	1000						
4500	750	750	750	750	750	750	750	750	800	850	900	950	1000	1050	1100				
4800	800	800	800	800	800	800	800	800	800	850	900	950	1000	1050	1100	1150			
5100	850	850	850	850	850	850	850	850	850	850	900	950	1000	1050	1100	1150	1200	1250	
5400	900	900	900	900	900	900	900	900	900	900	900	950	1000	1050	1100	1150	1200	1250	1300
5700	950	950	950	950	950	950	950	950	950	950	950	950	1000	1050	1100	1150	1200	1250	1300
6000	1000	1000	1000	1000	1000	1000	1000	1000	1000	1000	1000	1000	1000	1050	1100	1150	1200	1250	1300
6300	1050	1050	1050	1050	1050	1050	1050	1050	1050	1050	1050	1050	1050	1050	1100	1150	1200	1250	1300
6600	1100	1100	1100	1100	1100	1100	1100	1100	1100	1100	1100	1100	1100	1100	1100	1150	1200	1250	1300
6900	1150	1150	1150	1150	1150	1150	1150	1150	1150	1150	1150	1150	1150	1150	1150	1150	1200	1250	1300
7200	1200	1200	1200	1200	1200	1200	1200	1200	1200	1200	1200	1200	1200	1200	1200	1200	1200	1250	1300

（表中右上空白区域：箍筋全高加密）

图中 c_3 取值：
抗震等级为一级：$\geqslant 2.0 h_b$ 且 $\geqslant 500$
抗震等级为二～四级：$\geqslant 1.5 h_b$ 且 $\geqslant 500$

框架梁水平加腋构造

图中 c_3 取值：
抗震等级为一级：$\geqslant 2.0 h_b$ 且 $\geqslant 500$
抗震等级为二～四级：$\geqslant 1.5 h_b$ 且 $\geqslant 500$

框架梁竖向加腋构造

注：1. 当梁结构法施工图中，水平加腋部位的配筋设计未给出时，其梁顶上下部斜纵筋(仅设置第一排)直径分别同梁内上下纵筋，水平间距不宜大于200；水平加腋部位侧面纵向构造筋的设置及构造要求同梁内侧面纵向构造筋，见本图集第90页。

2. 本图中框架梁竖向加腋构造适用于加腋部分参与框架梁计算，配筋由设计标注；其他情况设计应另行给出做法。
3. 加腋部位箍筋规格及肢距与梁端部的箍筋相同。

框架梁水平、竖向加腋构造	图集号	16G101-1
审核 吴汉福	校对 罗斌 设计 史义博	页 86

加腋范围内的箍筋加密要求，当设计未注明时，可同框架梁端加密要求的直径和间距

图 2-95 框架梁加腋构造

图 2-96 框架梁加腋局部示意图

图 2-97 不伸入支座的梁下部纵向钢筋断点位置

（6）梁、柱纵向受力钢筋箍筋加密区的配置。见图 2-98～图 2-100。

图 2-98 柱箍筋加密配置

图 2-99 柱中箍筋

（7）混凝土结构保护层厚度要求。见表 2-11。

混凝土保护层的最小厚度（mm） 表 2-11

环境类别	板、墙	梁、柱	环境类别	板、墙	梁、柱
一	15	20	三 a	30	40
二 a	20	25	三 b	40	50
二 b	25	35			

1）构件中受力钢筋的保护层厚度不应小于钢筋的公称直径；

2）混凝土强度等级不大于 C25 时，表中保护层厚度应增加 5mm；

加密范围从柱边开始，一级抗震等级的框架梁箍筋加密长度为 2 倍的梁高，二、三、四级抗震等级的框架梁箍筋加密长度为1.5倍的梁高，而且加密区总长度均要满足大于500mm，如果不满足大于500mm，按500mm长度进行加密

图 2-100 梁箍筋加密配置

3）基础底面钢筋的保护层厚度，有垫层时应从垫层顶面算起，且不应小于 40mm；无垫层时不应小于 70mm。承台底面钢筋保护层厚度尚不应小于桩头嵌入承台内的长度。

（8）钢筋代换应遵循以下原则。见图 2-101。

钢筋代换时，必须充分了解设计意图和代换材料性能，并严格遵守现行国家标准《混凝土结构设计规范》GB 50010—2010的各项规定；凡重要结构中的钢筋代换，应征得设计单位同意。

1. 对某些重要构件，如吊车梁、薄腹梁、桁架下弦等，不宜用HPB235级光圆钢筋代替HRB335和HRB400级带肋钢筋

2. 无论采用哪种方法进行钢筋代换后，应满足配筋构造规定，如钢筋的最小直径、间距、根数、锚固长度等。

3. 同一截面内，可同时配有不同种类和直径的代换钢筋，但每根钢筋的拉力差不应过大（如同品种钢筋的直径差值一般不大于5mm），以免构件受力不均匀。

4. 梁的纵向受力钢筋与弯起钢筋应分别代换，以保证正截面与斜截面强度。

5. 偏心受压构件（如框架柱、有吊车厂房柱、桁架上弦等）或偏心受拉构件作钢筋代换时，不取整个截面配筋量计算，应按受力面（受压或受拉）分别代换。

6. 用高强度钢筋代换低强度钢筋时应注意构件所允许的最小配筋百分率和最少根数。

7. 用几种直径的钢筋代换一种钢筋时，较粗钢筋位于构件角部。

8. 当构件有裂缝宽度或挠度控制时，如用粗钢筋等强度代换细钢筋，或用HPB235级光面钢筋代换HRB335级螺纹钢筋时需重新验算裂缝宽度。如以小直径钢筋代换大直径钢筋，强度等级低的钢筋代替强度等级高的钢筋，则可不作裂缝宽度验算。如代换后钢筋总截面面积减少应同时验算裂缝宽度和挠度。

9. 根据钢筋混凝土构件的受荷情况，如果经过截面的承载力和抗裂性能难处，确认设计因荷载取值过大配筋偏大或虽然荷载取值符合实际但验算结果发现原配筋偏大，作钢筋代换时可适当减少配筋。但须征得设计同意，施工方不得擅自减少设计配筋。

当需要进行钢筋代换时，应办理设计变更文件。钢筋代换主要包括钢筋的品种、级别、规格、数量等的改变

钢筋代换后的钢筋混凝土构件中，纵向钢筋总承载力设计值应相等。应满足最小配筋率、最大配筋率和钢筋间距等构造要求。同一钢筋混凝土构件中，同一部位纵向受力钢筋应采用同一牌号的钢筋

钢筋强度和直径改变后，应验算正常使用阶段的挠度和裂缝宽度是否在允许范围内

图 2-101 钢筋代换注意事项

（9）框架柱节点核心区水平箍筋加密区的配置。见图 2-102。

抗震设计的框架节点核心区中水平箍筋，应按施工图设计文件中的要求配置复合箍筋，不得随意减少。当节点区设置复合箍筋时，除外圈必须采用封闭箍筋外，其他核心区中部箍筋可采用拉筋代替

对无抗震设防的框架结构节点核心区内的水平箍筋（柱箍筋），构造要求就相对松一些，箍筋的间距不宜大于250mm，且不应大于柱短边尺寸及15d，（d为纵向受力钢筋的最小直径，亦不包括顶层端节点）。对于四边有框架梁与柱相连的节点核心区，可仅沿节点周边设置矩形箍筋。其他情况应按设计图纸要求设置水平箍筋

图 2-102 框架柱节点核心区水平箍筋加密区的配置

（10）基础顶面和嵌固部位之间的关系。见图2-103、图2-104。

图 2-103 基础顶面和嵌固部位之间的关系

图 2-104 箍筋加密区设置

（11）框架柱纵向受力钢筋楼层的上下和柱根部范围内设置非连接区。见图2-105～图2-107。

（12）芯柱内的纵向钢筋和箍筋构造要求。见图2-108、图2-109。

抗震设计的框架柱非连接区，即柱端箍筋加密区+节点核心区，如图2-78所示。底层柱柱根(嵌固部位)箍筋加密区$\geq H_n/3$；其他部位箍筋加密区$\geq H_n/6$、$\geq 500mm$；H_n为加密区所在层柱净高

图 2-105 框架柱现场示意图

非连接区是纵向钢筋要求连续通过的区域(该区域纵筋不宜连接)，抗震设计的框架柱才有非连接区的规定。对于抗震设计的框架柱，柱端箍筋加密区、节点核心区是其关键部位，为实现"强节点"的要求，纵向受力钢筋接头要求尽量避开这两个部位

图 2-106 楼层框架柱箍筋加密

实际工程中，接头位置无法避开非连接区时，应采用满足等强度要求的机械连接接头，且接头百分率不宜超过50%

图 2-107 框架柱机械连接

芯柱的截面尺寸不宜小于柱边长的1/3，且不应小于250mm。
芯柱内根据施工图中的要求，单独配置箍筋

图 2-108 芯柱示意图

纵向钢筋应在芯柱的上、下楼层中锚固，其做法与框架柱的构造要求相同

图 2-109 芯柱构造图

（13）框支梁、框支柱抗震设计和非抗震设计中构造措施要求。见图 2-110～图 2-113。

图 2-110　框支梁端节点

图 2-111　框支梁纵向钢筋机械连接

图 2-112　框支柱示意图

（14）剪力墙约束边缘构件、构造边缘构件中纵向钢筋在顶层楼板处锚固处理及剪力墙中的端柱和边框梁在顶层节点处的构造做法。见图 2-114、图 2-115。

（15）剪力墙中的竖向分布钢筋和水平分布钢筋与墙中洞口说明。见图 2-116、图 2-117。

沿梁腹板高度应配置间距不大于200mm，直径不小于16mm的腰筋；伸入柱中锚固长度≥l_{aE}(l_a)，且过柱中线5d；直锚长度不足时伸至梁上部纵筋弯折段内侧弯折，直段长度不小0.4l_{abE}（0.4l_{ab}），弯折段15d，且总长度不小于l_{aE}（l_a）

框支柱在上部墙体范围内的纵向钢筋，应伸入上部墙体内不少于一层。其余钢筋应锚入梁内或板内。锚入梁内的钢筋长度，从柱边算起不少于l_{aE}（l_a）

图 2-113　框支柱构造示意图

剪力墙外侧竖向钢筋可采用与屋面板上部钢筋搭接的做法，此时弯折长度应不小于15d

（括号内数值是考虑屋面板上部钢筋与剪力外侧竖向钢筋搭接传力时的做法）

图 2-114　顶部为楼板或屋面板

当剪力墙顶部为边框梁时，竖向钢筋可伸入边框梁直锚，长度l_{aE}，如边框梁高度不满足直锚要求，则伸至梁顶弯折不小于12d

（梁高度满足直锚要求时）　（梁高度不满足直锚要求时）

图 2-115　顶部为边框梁

通常情况下剪力墙中的水平分布钢筋位于外侧，而竖向分布钢筋位于水平分布钢筋的内侧。其钢筋的保护层厚度与墙相同，只需要满足墙中分布钢筋的保护层厚度要求；边框梁的宽度大于剪力墙的厚度，剪力墙中的竖向分布钢筋应从边框柱内穿过，边框梁和剪力墙分别满足各自钢筋的保护层厚度要求

连系梁用于所有剪力墙中洞口位置，连接两片墙肢。其纵向钢筋自洞口边伸入墙体内长度不小于l_{aE}（l_a），且不小于600mm

图 2-116　约束边缘构造

图 2-117　剪力墙洞口

（16）框架梁或连续梁支座处非通长筋的伸出长度说明。见图 2-118～图 2-120。

图 2-118　抗震楼层框架梁 KL 纵向钢筋构造

图 2-119　各跨长度相差较大

图 2-120　按简支设计的连续梁端支座

（17）梁纵向钢筋的锚固和梁端箍筋加密的处理措施。见图 2-121、图 2-122。

图 2-121　梁纵向钢筋的锚固

图 2-122　梁与剪力墙平面内相交

（18）梁腰筋的配置要求及构造要求。见图 2-123。

图 2-123　腰筋示意图

（19）如何理解双向板及单向板。见图 2-124。

双向板由于板在中点的变形协调一致，所以短方向的受力会比长方向大，施工图设计文件中都会要求下部短方向的钢筋在下，而长方向的钢筋在上；板上部受力也是短方向比长方向大，所以要求上部钢筋短方向在上，而长方向在下

两边支承的板为单向板，四边支承的板，当长边与短边的比值小于或等于2时，为双向板。
四边支承的板，当长边与短边的比值大于2而小于3时，也宜按双向板的要求配置钢筋。
四边支承的板，当长边与短边的比值大于或等于3时，为单向板。

图 2-124　单向板、双向板
(a) 单向板；(b) 双向板

（20）如何理解楼板和屋面板中配置的各种钢筋。见图 2-125、图 2-126。

在温度、收缩应力较大的现浇板区域，应在板的表面双向配置防裂构造钢筋，即抗温度、收缩应力构造钢筋。当板面受力钢筋通长配置时，可兼作抗温度、收缩应力构造钢筋

在楼板和屋面板中根据板的受力特点不同所配置的钢筋也不同，主要有板底受力钢筋、支座负弯矩钢筋、构造钢筋、分布钢筋、抗温度和收缩应力构造钢筋等

图 2-125　现浇板配筋图

单向板板底长向、支座负弯矩钢筋或板面构造钢筋的垂直方向，还应布置分布钢筋；分布钢筋一般不作为受力钢筋，其主要作用是为固定受力钢筋、分布板面荷载及抵抗温度和缩收应力

双向板板底双方向、单向板板底短向是正弯矩受力区，应配置板底受力钢筋。双向板中间支座单向板短向中间支座以及按嵌固设计的端支座，应在板顶面配置支座负弯矩钢筋

图 2-126　现浇板现场配筋图

（21）悬挑板的放射钢筋应该布置在什么区域内，其钢筋的间距伸入支座内的长度及钢筋布置情况。见图 2-127～图 2-130。

（22）现浇板式楼梯的斜向分布钢筋布置方法。见图 2-131～图 2-134。

当转角位于阳角时，11G101提供了在角部布置放射钢筋的加强措施，要求设计人员注明在角部设置的放射钢筋根数

图 2-127 放射钢筋局部示意图

放射钢筋伸入支座的长度≥l_a，且不应小于悬挑长度l_x、l_y的较大值

放射钢筋与悬挑板最外侧上部钢筋之间间距、放射钢筋之间间距不应大于200mm，以悬挑板中线处钢筋间距为准

图 2-128 悬挑板阳角放射钢筋

当悬挑板标高与跨内标高不一致或跨内为洞口时，悬挑板阳角上部放射钢筋伸入支座对边弯折，平直段长度≥$0.6l_{ab}$，弯折段长度$15d$。放射钢筋与悬挑板其他部位钢筋均匀排布

筏板阳角构造
放射钢筋放在筏板底钢筋笼内侧
筏板外挑出宽度大于500mm时必设

图 2-129 筏板阳角放射钢筋构造

悬挑板

设置在板上悬挑受力钢筋的下面，间距不大于100，直径按设计

跨内板

图 2-130 悬挑板阴角构造

（23）柱纵向钢筋在基础内的锚固要求。

1）独立基础、柱下条形基础。见图 2-135、图 2-136。

2）桩基。见图 2-137。

3）筏形基础。见图 2-138。

现浇双向板斜方向的受力钢筋，应按垂直斜面计算钢筋的间距 s

现浇单向板斜方向的受力钢筋按垂直斜面计算钢筋的间距；当斜方向为分布钢筋时，也应按垂直斜面方向布置钢筋间距 s

现浇钢筋混凝土板式楼梯中的分布钢筋，应按垂直斜面方向布置钢筋间距 s，且宜每个踏步布置一根分布钢筋

图 2-131 楼梯配筋图

图 2-132 楼梯钢筋布置图

当现浇混凝土板为斜向时，对于双向板两个方向都是受力钢筋，不应按垂直地面间距摆放斜方向的钢筋，特别是当斜度很大时，会造成垂直于板斜向的间距较大，不能满足受力的要求；对于单向板斜向为受力方向时，钢筋的间距应按垂直于板斜面计算。斜方向为分布钢筋时，其间距也不应按垂直地面计算

图 2-133 斜向楼板钢筋间距

根据《混凝土结构设计规范》GB 50010—2010的规定，分布钢筋也有最小配筋率的要求，倘若分布钢筋的间距按垂直地面布置，会不满足最小配筋率的要求。现浇板式楼梯在斜面上应布置垂直于受力钢筋方向的分布钢筋，其间距也不应按垂直地面计算

图 2-134 现浇板式楼体分布钢筋间距

当基础高度满足直锚要求时，柱插筋的锚固长度应满足 $\geqslant l_{aE}(\geqslant l_a)$，插筋的下端宜做 $6d$ 且 $\geqslant 150mm$ 的直钩放在基础底部钢筋网片上

当基础高度 $h_j \geqslant 1400mm$（或经设计判定柱为轴心受压或小偏心受压构件，$h_j \geqslant 1200mm$）时，可仅将四角的插筋伸至基础底部，其余插筋锚固在基础顶面下 $\geqslant l_{aE}(\geqslant l_a)$

当基础高度不能满足直锚要求时，柱插筋伸入基础内直段长度应满足 $\geqslant 0.6l_{aE}(\geqslant 0.6l_a)$，插筋下端弯折 $15d$ 放在基础底部钢筋网片上

图 2-135 基础配筋图 1

图 2-136 基础配筋图 2

对于一柱一桩，柱与桩直接连接时，柱纵向主筋锚入桩身≥35d，且应≥l_{aE}(≥l_a)

当设有承台时，柱插筋在承台内的锚固长度应≥l_{aE}(≥l_a)，插筋的下端宜做6d且≥150mm的直钩放在承台底部钢筋网上，当承台高度不能满足直锚要求时，柱插筋伸入承台内直段长度应满足≥0.6l_{aE}(≥0.6l_a)，插筋下端弯折15d放在承台底部钢筋网上

各种情况下基础高度要求，柱插筋在基础内的锚固长度应≥l_{aE}(≥l_a)，插筋的下端宜做6d且≥150mm的直钩放在基础底部钢筋网上。当基础高度不能满足直锚要求时，柱插筋伸入基础内的直段长度应满足≥0.6l_{aE}(≥0.6l_a)，插筋下端弯折15d放在基础底部

图 2-137　桩基配筋图

图 2-138　筏形基础现场图

（24）混凝土墙纵向钢筋在基础内的锚固要求。见图 2-139～图 2-141。

当基础高度h_j>l_{aE}(l_a)时，剪力墙竖向分布钢筋伸入基础直段长度应≥l_{aE}(≥l_a)，插筋的下端宜做6d的直钩放在基础底部

当基础高度h_j≤l_{aE}(l_a)时，剪力墙竖向分布钢筋伸入基础直段长度应≥0.6l_{aE}(≥0.6l_a)，插筋的下端宜做15d的直钩放在基础底部

经设计确认，可仅将1/3～1/2的剪力墙竖向钢筋伸至基础底部，这部分钢筋应满足支撑剪力墙钢筋骨架的要求，其余钢筋伸入基础长度应≥l_{aE}(≥l_a)。当建筑物外墙布置在筏形基础边缘位置时，其外侧竖向分布钢筋应全部伸至基础底部

图 2-139　钢筋在基础内的锚固示意图

图 2-140　基础配筋图

（25）独立深基础短柱构造要求，柱内纵向钢筋锚固方法及箍筋加密要求。见图 2-142、图 2-143。

（26）墙下条形基础与柱下条形基础的区别及梁板式条形基础和板式条形基础分布钢筋布置。见图 2-144、图 2-145。

（27）基础梁、梁板式筏形基础平板中上部纵向钢筋连接区域要求。见图 2-146、图 2-147。

间距≤500，且不少于两道水平分布钢筋与拉筋

外墙外侧钢筋
基础顶面
外墙底板钢筋
基础顶面

对于起挡土作用的地下室外墙，当设计判定筏形基础与地下室外墙受弯刚度相差不大时，宜将外墙外侧钢筋与筏形基础底板下部钢筋在转角位置进行搭接

$l_{aE}(l_a)$

≥15d

图 2-141　墙插筋在基础中锚固构造

采用独立基础的建筑，如果基础持力层比较深，或者某区域内柱子基底比较深时，为减小底层柱计算高度可采用独立深基础短柱

图 2-142　短柱配筋图

柱

施工应注意保证钢筋的定位及伸入长度

短柱范围箍筋间距

为保证短柱部分作为上部柱的嵌固端，短柱 $E_{DZ}J_{DZ}$ 与上部柱EJ之比宜≥10，当短柱顶面设有连系梁时可适当降低。短柱部分箍筋间距相同，纵向钢筋伸入基础中长度按柱插筋处理，四角及每隔1000 mm伸至基底钢筋网片上，其他伸入基础长度应≥$l_{aE}(≥l_a)$

上部柱中纵向钢筋锚固在短柱中，伸入长度≥$l_{aE}(≥l_a)$。施工时应采取措施保证纵向钢筋的位置准确。当短柱高度较小时，可将上部柱四角的纵向钢筋伸至基础底面，以保证柱筋的定位

6d且≥150

插至基底纵筋间距≤l_a
支在底板钢筋网上

x(或 y)

图 2-143　单柱普通独立深基础短柱配筋构造

在工程中，有时设计为了加强墙下条形基础的整体刚度，在墙下条基中也设置了基础梁，此时基本梁与11C101-3中基础梁JL不同，应按设计要求进行施工

钢筋混凝土墙

砖墙

砖墙有放脚
$b_2 \leq 1/4$砖长

11G101-3中提供了梁板式条形基础和板式条形基础两种形式。砌体墙、剪力墙下条形基础一般采用板式条形基础；柱下条形基础应采用梁板式条形基础

图 2-144 条形基础

(a) 钢筋混凝土墙下条基；(b) 砖墙下条基

板式条形基础分布钢筋应在受力钢筋长度范围内满布，梁板式条形基础分布钢筋在梁宽范围内不布置

基础底板受力钢筋
基础底板分布钢筋

基础底板受力钢筋
基础底板分布钢筋

基础底板受力钢筋
基础底板分布钢筋
基础梁
梁宽范围不设基础板分布筋

（剪力墙下条形基础截面）
(a)

（砌体墙下条形基础截面）
(b)

（坡形截面TJB$_P$）
(c)

图 2-145 墙下条形基础与柱下条形基础

(a) 剪力墙；(b) 砌体墙；(c) 柱

下部贯通纵筋连接区域：跨中$\leq l_n/3$范围内

上部纵向受力钢筋连接区域：中间支座两侧$l_n/4$及支座范围内，不宜在端跨支座附近连接

图 2-146 基础梁现场图

图 2-147　纵筋连接区示意图

（28）筏形基础底板上剪力墙洞口设置过梁构造要求。见图 2-148。

图 2-148　筏形基础底板上剪力墙洞口过梁配筋构造

（29）边柱和角柱柱顶纵向钢筋构造。见图2-149～图2-152。

图2-149　边柱和角柱钢筋构造

图2-150　B型边、角柱顶部钢筋构造

采用机械锚固措施时，锚固长度范围内的箍筋不应少于3个，其直径不应小于纵向钢筋直径的0.25倍，其间距不应大于纵向钢筋直径的5倍。当纵向钢筋的混凝土保护层厚度不小于钢筋公称直径的5倍时，可不配置上述钢筋

钢筋机械锚固的形式及构造要求(a)末端带135弯钩；(b)末端与钢板穿孔塞焊；(c)末端与短钢筋双面贴焊

图 2-151　机械锚固的形式

(a) 末端带 135°弯钩；(b) 末端与钢板穿孔塞焊；(c) 末端与短钢筋双面贴焊

D、E型边、角柱顶部纵筋构造

C型边、角柱顶部纵筋构造

图 2-152　C、D、E 型边、角柱钢构造

2.6　钢筋相应规范、图集介绍

2.6.1　规范、图集介绍

（1）《建筑物抗震构造详图》包含三本本分册，分别是 11G329-1（多层和高层钢筋混凝土房屋）、11G329-2（多层砌体房屋和底部框架砌体房屋）和 11G329-3（单层工业厂房）。

11G329-2（多层砌体房屋和底部框架砌体房屋）适用于设计使用年限为 50 年的下列建筑：多层砖砌体房屋：抗震设防烈度 6～9 度的普通砖（包括烧结、蒸压、混凝土普通砖）、多孔砖（包括烧结、混凝土多孔砖）承重的多层砌体房屋；多层小砌块房屋：抗震设防烈度 6～9 度的混凝土小型空心砌块承重的多层小砌块房屋；底部框架-抗震墙砌体房屋：抗震设防烈度 6～8 度的底层或底部两层框架-抗震墙砌体房屋，其中 8 度是指 8 度 0.2g 的地区，乙类建筑不应采用底部框架-抗震墙砌体房屋。

（2）钢筋焊接网混凝土结构技术规程

本规程主要适用于工业与民用房屋建筑、市政工程及一般构筑物中采用冷轧带肋钢筋、热轧带肋钢筋或冷拔光面钢筋焊接网配筋的板类构件、墙体、桥面、路面、焊接箍筋笼的梁柱以及构筑物等混凝土结构工程的设计与施工。

本规程所涉及的钢筋焊接网系指在工厂制造、采用专门的设备、符合有关标准规定按一定设计要求进行电阻点焊而制成的焊接网。近些年，国内焊接网产量和厂家逐年增加，应用范围逐渐扩大，有大量工程实践，提供了丰富的设计施工经验和试验数据，又专门补充了一定量的构件及材性试验，为规程修订提供了充分依据。在编制过程中适当借鉴了国外的有关标准、规范，以及工程经验和科研成果。

（3）钢筋机械连接技术规程 JGJ 107—2016

《钢筋机械连接技术规程》对建筑工程混凝土结构中钢筋机械连接接头性能要求、接头应用、接头的现场加工与安装以及接头的现场检验与验收作出同一规定，与现行国家标准《混凝土结构设计规范》GB 50010 配套应用，以确保各类机械接头的质量和合理应用。各类钢筋机械接头，如套筒挤压接头、锥螺纹接头、直螺纹接头等均应遵守本规程规定。

（4）冷轧带肋钢筋混凝土结构技术规程

为了在冷轧带肋钢筋混凝土结构的设计与施工中贯彻执行国家的技术经济政策，做到技术先进、经济合理、安全适用、确保质量制定本规程。

本规程适用于工业与民用房屋和一般构筑物采用冷轧带肋钢筋配筋的钢筋混凝土结构和先张法预应力混凝土中小型结构构件的设计与施工。

对于直接承受动力荷载作用的结构构件当采用冷轧带肋钢筋作为受力主筋时其设计参数应通过试验确定。

对于冷轧带肋钢筋配筋的钢筋混凝土结构和先张法预应力混凝土结构构件的设计与施工，除执行本规程的规定外尚应按国家有关的现行标准执行。

（5）钢筋焊接接头试验方法标准

为统一钢筋焊接接头的试验方法、正确评价焊接接头性能制定本标准。本标准适用于工业与民用建筑及一般构筑物的混凝土结构中的钢筋焊接接头的拉伸、剪切、弯曲、冲击和疲劳等试验，试验应在室温下进行。钢筋焊接接头或焊接制品在质量验收时其抽样方法试样数量及质量要求均应符合现行行业标准《钢筋焊接及验收规程》JGJ 18—2012 中的有关规定。

在进行钢筋焊接接头性能试验时除应符合本标准的规定外尚应符合国家现行有关强制性标准的规定。

（6）预应力筋用锚具、夹具和连接器应用技术规程

为了在预应力混凝土结构工程中合理应用和进场验收预应力筋用锚具、夹具和连接器，统一其技术要求，制定本规程。

本规程适用于预应力混凝土结构工程中使用的预应力筋用锚具、夹具和连接器。对于有特殊要求的工程，尚应遵守有关的专门规定。

预应力混凝土结构工程中使用的预应力筋用锚具、夹具和连接器，除应符合本规程的要求外，尚应符合国家现行有关强制性标准的规定。

2.6.2 主要内容

（1）《建筑物抗震构造详图》11G329-2（多层砌体房屋和底部框架砌体房屋）

1）一般情况下，房屋的层数和总高度不应超过表 2-12 的要求。

房屋的层数和总高度限值（m） 表 2-12

房屋类型		最小抗震墙厚度（mm）	烈度和设计基本地震加速度										
			6		7				8				9
			0.05g		0.10g		0.15g		0.20g		0.30g		0.40g
			高度	层数	高度	层数	高度	层数	高度	层数	高度	层数	高度	层数
多层砌体房屋	普通砖	240	21	7	21	7	21	7	18	6	15	5	12	4
	多孔砖	240	21	7	21	7	18	6	18	6	15	5	9	3
	多孔砖	190	21	7	18	6	15	5	15	5	12	4	—	—
	小砌块	190	21	7	21	7	18	6	18	6	15	5	9	3
底部框架-抗震墙房屋	普通砖、多孔砖	240	22	7	22	7	19	6	16	5	—	—	—	—
	多孔砖	190	22	7	19	6	16	5	13	4	—	—	—	—
	小砌块	190	22	7	22	7	19	6	16	5	—	—	—	—

注：1. 房屋的总高度指室外地面到主要屋面板板顶或檐口的高度，半地下室从地下室室内地面算起，全地下室和嵌固条件好的半地下室应允许从室外地面算起；对带阁楼的坡屋面应算到山尖墙的1/2高度处；

2. 室内外高差大于 0.6m 时，房屋总高度应允许比表中的数据适当增加，但增加量应少于 1.0m；

3. 乙类的多层砌体房屋仍按本地区设防烈度查表，其层数应减少一层且总高度应降低 3m；不应采用底部框架-抗震墙砌体房屋；

4. 本表小砌块砌体房屋不包括配筋混凝土小型空心砌块砌体房屋。

2）多层砖砌体房屋钢筋混凝土构造柱设置部位，见表 2-13 的要求，构造柱示意图见图 2-153。

多层砖砌体房屋构造柱设置要求 表 2-13

房屋层数				设置部位	
6度	7度	8度	9度		
≤五	≤四	≤三		楼、电梯间四角、楼梯斜梯段上下端对应的墙体处；外墙四角和对应转角处；错层部位横墙与外纵墙交接处；大房间内外墙交接处；较大洞口两侧	隔 12m 或单元横墙与外纵墙交接处；楼梯间对应的另一侧内横墙与外纵墙交接处
六	五	四	≤二		隔开间横墙（轴线）与外墙交接处；山墙与内纵墙交接处
七	≥六	≥五	≥三		内墙（轴线）与外墙交接处；内墙的局部较小墙垛处；内纵墙与横墙（轴线）交接处

注：较大洞口，内墙指不小于 2.1m 的洞口；外墙在内外墙交接处已设置构造柱时应允许适当放宽，但洞侧墙体应加强。

3）抗震结构体系圈梁的设置。见图 2-154、表 2-14。

多层砖砌体房屋现浇钢筋混凝土圈梁设置要求 表 2-14

墙类	烈 度		
	6、7	8	9
外墙和内纵墙	屋盖处及每层楼盖处	屋盖处及每层楼盖处	屋盖处及每层楼盖处
内横墙	同上； 屋盖处间距不应大于 4.5m； 楼盖处间距不应大于 7.2m； 构造柱对应部位	同上； 各层所有横墙，且间距不应大于 4.5m； 构造柱对应部位	同上； 各层所有横墙

当多层砖房抗震墙不满足抗震强度要求时，可采用水平配筋砖砌体

钢筋笼

伸入墙体配筋

构造柱应沿整个建筑物高度对正贯通，不应使层与层之间构造柱相互错位。突出屋顶的楼、电梯间，构造柱应伸到顶部，并与顶部圈梁连接，内外墙交接处应沿墙高每隔 500mm 设 2 根直径为 6mm 的 I 级拉结钢筋，且每边伸入墙内不应小于 1m。局部突出的屋顶间的顶部及底部均应设置圈梁

图 2-153 构造柱示意图

构造柱

圈梁

砖墙

圈梁

砖墙

隔开间或每开间设置构造柱的多层砖房，应沿设有构造柱的横墙及内、外纵墙在每层楼盖和屋盖处均设置闭合的圈梁

图 2-154 圈梁设置示意图

4）构造柱构造措施。见图 2-155、图 2-156。

5）水平筋构造措施。见图 2-157、图 2-158。

图 2-155　构造柱节点图

（a）构造柱圈梁设置；（b）马牙槎构造

图 2-156　构造柱现场图

图 2-157　水平钢筋的搭接长度

水平钢筋两端应制成直钩。墙段两端设置构造柱时，水平钢筋应锚入构造柱内；
无构造柱墙段的水平钢筋应伸入与其相交的墙体内，伸入长度为40倍钢筋直径

水平钢筋直径不宜超过6mm。当灰缝中的水平钢筋为2根及2根以上时，宜采用与其垂直的横向钢筋连接。横向钢筋直径不大于4mm，间距为300mm。对于240mm厚砖墙，一层灰缝内配筋不应多于3根；对于370mm厚砖墙，一层灰缝内配筋不宜多于4根

图 2-158　水平钢筋示意图

6）底层框架-抗震墙砖房构造措施。见图 2-159。

底层框架砖房设置构造柱的截面不宜小于240mm×240mm，纵向钢筋不宜少于4Φ14，箍筋间距不宜大于200mm。构造柱应与每层圈梁连接

底层框架砖房的构造柱纵向钢筋宜锚固在底层框架柱内，钢筋锚固长度不小于35倍钢筋直径。当构造柱的纵向钢筋锚固在框架梁内时，除满足锚固长度外，还应对框架梁相应位置作适当加强

图 2-159　构造柱的排设

（2）钢筋焊接网混凝土结构技术规程

1）焊接网的搭接方式。见图 2-160～图 2-162。

在混凝土结构构件中，当焊接网片长度或宽度不够时，按一定要求将两张网片互相叠合或镶入而形成的连接。

图 2-160　叠搭法
1—纵向钢筋；2—横向钢筋

图 2-161　平搭法
（a）搭接前；（b）搭接后
1—纵向钢筋；2—横向钢筋

图 2-162　扣搭法
1—纵向钢筋；2—横向钢筋

2）钢筋焊接网的一般规定。见图 2-163、图 2-164。

钢筋焊接网宜采用 CRB550 级冷轧带肋钢筋或 HRB400 级热轧带肋钢筋制作，也可采用 CPB550 级冷拔光面钢筋制作

焊接网长度不宜超过 12m，宽度不宜超过 3.3m

冷轧带肋钢筋或冷拔光面钢筋为 4～12mm，冷加工钢筋直径在 4～12mm 范围内可采用 0.5mm 进级，受力钢筋宜采用 5～12mm；热轧带肋钢筋宜采用 6～16mm

钢筋焊接网的搭接接头宜设置在受力较小处

带肋钢筋焊接网双向配筋的面网宜采用平搭法。搭接接头宜设置在距梁边 1/4 净跨区段以外，其搭接长度不应小于 30d（d 为搭接方向钢筋直径），且不应小于 250mm

焊接网制作方向的钢筋间距宜为 100mm、150mm、200mm；与制作方向垂直的钢筋间距宜为 100～400mm，且宜为 10mm 的整倍数。焊接网的纵向、横向钢筋可以采用不同种类的钢筋。当双向板底网（或面网）采用本规程第 5.2.10 条规定的双层配筋时，非受力钢筋的间距不宜大于 1000mm

图 2-163　钢筋焊接网 1　　　　　　　　图 2-164　钢筋焊接网 2

3）钢筋焊接网混凝土的一般规定。见图 2-165。

钢筋焊接网混凝土结构的混凝土强度等级不应低于 C20。处于二、三类环境中的结构构件，其混凝土强度等级不宜低于 C30，且混凝土耐久性设计应符合现行国家标准《混凝土结构设计规范》GB 50010—2010 的有关规定

图 2-165　底板混凝土

4）钢筋焊接网的构造规定。见表 2-15、表 2-16、图 2-166～图 2-172。

混凝土保护层的最小厚度 c（mm）   表 2-15

环境类别	混凝土强度等级	
	C20	$\geqslant 25$
一	20	15
二 a	—	20
二 b	—	25
三 a	—	30
三 b	—	40

注：钢筋混凝土基础宜设置混凝土垫层，基础中钢筋的混凝土保护层厚度应从垫层顶面算起，且不应小于 40mm。

钢筋混凝土路面用钢筋焊接网的最小直径及最大间距应符合现行行业标准《公路水泥混凝土路面设计规范》JTG D40—2011 的规定。当采用冷轧带肋钢筋时，钢筋直径不应小于 8mm，纵向钢筋间距不应大于 200mm，横向钢筋间距不应大于 300mm。焊接网的纵横向钢筋宜采用相同的直径，钢筋的保护层厚度不应小于 50mm。钢筋混凝土路面补强用的焊接网可按钢筋混凝土路面用焊接网的有关规定执行

图 2-166 钢筋混凝土路面焊接网

带肋钢筋焊接网纵向受拉钢筋的锚固长度 l_a（mm）   表 2-16

钢筋焊接网类型		混凝土强度等级				
		C20	C25	C30	C35	$\geqslant 40$
CRB500、CRB600H HRB400、HRBF400 钢筋焊接网	锚固长度内无横筋	$45d$	$40d$	$35d$	$32d$	$30d$
	锚固长度内有横筋	$32d$	$28d$	$25d$	$22d$	$21d$
HRB500、HRBF500 钢筋焊接网	锚固长度内无横筋	$55d$	$48d$	$43d$	$39d$	$36d$
	锚固长度内有横筋	$39d$	$34d$	$30d$	$27d$	$25d$

注：d 为纵向受力钢筋直径（mm）。

板中受力钢筋的直径不宜小于5mm。当板厚h≤150mm时，不宜大于200mm；当板厚h>150mm时，不宜大于1.5h，且不宜大于250mm

板的钢筋焊接网应按板的梁系区格布置，尽量减少搭接。单向板底网的受力主筋不宜设置搭接。双向板长跨方向底网搭接宜布置于梁边1/3净跨区段内。满铺面网的搭接宜设置在梁边1/4净跨区段以外且面网与底网的搭接宜错开，不宜在同一断面搭接

图 2-167　钢筋焊接现浇板

对嵌固在承重砌体墙内的现浇板，其上部焊接网的钢筋伸入支座的长度不宜小于110mm，并在网端应有一根横向钢筋(见图(a))或将上部受力钢筋弯折(见图(b))

≥110mm

(a)

(b)

图 2-168　板上部受力钢筋焊接网的锚固

(a) 上部直锚；(b) 上部钢筋弯构

当梁突出于板的上表面(反梁)时，梁两侧的带肋钢筋焊接网的面网和底网均应分别布置

图 2-169　钢筋焊接网在反梁中的布置

当楼板开洞时，可将通过洞口的钢筋切断，按等强度设计原则增设附加绑扎短钢筋加强，并参照普通绑扎钢筋相应的构造规定

图 2-170　楼板焊接网与柱的连接

（a）焊接网套柱连接；（b）附加筋连接

1—焊接网的面网；2—附加锚固筋

剪力墙中作为分布钢筋的焊接网可按一楼层为一个竖向单元，其竖向搭接可设置在楼层面之上，搭接长度应符合本规程第5.1节的规定且不应小于400mm或40d（d为竖向分布钢筋直径）。在搭接范围内，下层的焊接网不设水平分布钢筋，搭接时应将下层网的竖向钢筋与上层网的钢筋绑扎牢固

图 2-171　墙体钢筋焊接网的竖向搭接

1—楼板；2—下层焊接网；3—上层焊接网

钢筋焊接网安装时，下部网片应设置与保护层厚度相当的塑料卡或水泥砂浆垫块；板的上部网片应在接近短向钢筋两端，沿长向钢筋方向每隔600～900mm设一个钢筋支架

图 2-172　上部钢筋焊接网的支墩

1—梁；2—支墩；3—短向钢筋；4—长向钢筋

（3）钢筋机械连接通用技术规程

1）接头的应用。见图 2-173。

2）施工现场接头的加工与安装。见图 2-174。

钢筋连接件的混凝土保护层厚度宜符合现行国家标准《混凝土结构设计规范》GB 50010—2010中受力钢筋的混凝土保护层最小厚度的规定

混凝土结构中要求充分发挥钢筋强度或对延性要求高的部位，应优先选用Ⅱ级接头；当在同一连接区段内必须实施100%钢筋接头的连接时，应采用Ⅰ级接头

锥螺纹接头钢筋端部不得有影响螺纹加工的局部弯曲。
钢筋丝头长度应满足设计要求，使拧紧后的钢筋丝头不得相互接触，丝头加工长度公差应为$-0.5p\sim1.5p$；钢筋丝头的锥度和螺距应使用专用锥螺纹量规检验，抽检数量10%，检验合格率不应小于95%

直螺纹接头钢筋端部应切平或镦平后再加工螺纹，镦粗头不得有与钢筋轴线相垂直的横向裂纹，钢筋丝头长度应满足企业标准中产品设计要求，公差应为$0\sim2.0p$（p为螺距），钢筋丝头宜满足6f级精度要求，应用专用直螺纹量规检验，通规能顺利旋入并达到要求的拧入长度，止规旋入不得超过3p。抽检数量10%，检验合格率不应小于95%

图 2-173 钢筋机械连接

图 2-174 机械连接接头

3）施工现场接头的检验与验收。见图 2-175。

接头的现场检验应按验收批进行，在同一施工条件下采用同一批材料的同等级、同形式、同规格接头，以500个为一个验收批进行检验与验收，不足500个也应作为一个验收批

现场截取抽样试件后，原接头位置的钢筋可采用同等规格的钢筋进行搭接连接，或采用焊接及机械连接方法补接。
对抽检不合格的接头验收批，应由建设方会同设计等有关方面研究后提出处理方案

锥螺纹接头钢筋端部不得有影响螺纹加工的局部弯曲。钢筋丝头长度应满足设计要求，拧紧后的钢筋丝头不得相互接触，丝头加工长度公差应为$-0.5p\sim1.5p$；钢筋丝头的锥度和螺距应使用专用锥螺纹量规检验；抽检数量10%，检验合格率不应小于95%

图 2-175 施工现场钢筋接头

4）带肋钢筋套管挤压连接接头

① 带肋钢筋套管挤压材料要求。见图 2-176。

② 带肋钢筋套管挤压质量要求。见图 2-177、图 2-178。

钢筋：直径为16~40mm的HRB335（Ⅱ级）、HRB400（Ⅲ级）热轧带肋钢筋，符合《钢筋混凝土用钢 第2部分：热轧带肋钢筋》GB 1499.2—2007/XG1—2009的要求。钢筋应平直、无损伤；表面没有裂纹、颗粒状或片状老锈

钢套筒：原材料选用优质碳素结构钢，符合《优质碳素结构钢》GB/T 699—1999的要求。套筒表面没有裂纹，没有严重的锈蚀

图 2-176　挤压接头示意图

挤压操作时采用的挤压力、挤压道数、压痕总宽度、压痕直径(或挤压后套筒长度)等，均应符合形式检验确定的技术参数要求。钢筋接头压痕深度不够者应补压，超压者应切除重新挤压

现场截取抽样试件后，原接头位置的钢筋允许采用同等规格的钢筋进行搭接连接，或采用焊接及机械连接方法补接

压模、套筒与钢筋应相互配套使用，不得串用，当套筒两端外径和壁厚相同时，被连接钢筋的直径相差不得大于5mm

切断钢筋宜用砂轮切割机或其他专用切断设备，严禁采用气割方法

图 2-177　带肋钢筋套管挤压局部大样图

图 2-178　现场挤压操作

③ 带肋钢筋套管挤压质量标准。见图 2-179、图 2-180。

④ 带肋钢筋套管挤压成品保护。见图 2-181。

接头的现场检验按验收批进行。在同一施工条件下采用同一批材料的同等级、同形式、同规格接头，以500个为一个验收批，不足500个也作为一个验收批

(a)　　　　　　　　　　　(b)

图 2-179　钢筋连接局部

(a) 钢筋连接套筒；(b) 连接套筒剖面图

5）钢筋锥螺纹接头技术规程

① 钢筋锥螺纹加工。见图 2-182。

② 锥螺纹钢筋连接。见图 2-183。

受力钢筋的接头位置应相互错开，在任一接头中心至长度为钢筋直径35倍、且不小于500mm的区段范围内，有接头的受力钢筋截面面积占受力钢筋总截面面积的百分率不宜超过50%。

接头宜避开有抗震要求的框架结构梁、柱端的箍筋加密区；如无法避免时，同一截面接头百分率不应超过50%

对先在地面压好半个接头的钢筋，应用木方垫好，按不同规格分别码放整齐，并防止接头部位被磕碰或污染。在雨季要采取防锈措施

施工作业时，要搭设临时架子，不得随意蹬踩接头或钢筋

套筒在运输和储时应防止锈蚀和污染，套筒应有保护盖，保护盖上应注明套筒的规格。现场分批验收，并按不同规格分别堆放

钢筋连接件的混凝土保护层厚度宜满足现行国家标准《混凝土结构设计规范》GB 50010—2010中受力钢筋混凝土保护层最小厚度的要求，且不得小于15mm。连接件之间的横向净距不宜小于25mm

图 2-180　现场柱挤压套筒

图 2-181　冷挤压连接套筒

加工的钢筋锥螺纹丝头的锥度、牙形、螺距等必须与连接套的锥度、牙形、螺距一致，且经配套的量规检测合格

锥螺纹塞规

加工钢筋锥螺纹时，应采用水溶性切削润滑液；当气温低于0℃时，应掺入15%~20%亚硝酸钠，不得用机油作润滑液或不加润滑液套丝

连接套

缺口(允许误差)

图 2-182　锥螺纹加工示意图

带连接套的钢筋应固定牢，连接套的外露端应有密封盖

连接钢筋时，钢筋规格和连接套的规格应一致，并确保钢筋和连接套的丝扣干净完好

力矩扳手的精度为±5%，要求每半年用扭力仪检定一次

必须用力矩扳手拧紧接头

图 2-183　锥螺纹钢筋连接示意图

1—钢筋；2—套筒；3—钢筋

③锥螺纹钢筋接头施工现场检验与验收。见图 2-184。

（4）冷轧带肋钢筋混凝土结构技术规程

1）冷轧带肋钢筋混凝土结构构造一般规定。见图 2-185、表 2-17～表 2-20。

连接钢筋时，应检查连接套出厂合格证、钢筋锥螺纹加工检验记录

接头的现场检验按验收批进行。同一施工条件下的同一批材料的同等级、同形式、同规格接头，以500个为一个验收批进行检验与验收，不足500个也作为一个验收批

冷轧带肋钢筋末端可不制作弯钩。当钢筋末端需制作90°或135°弯折时，钢筋的弯曲直径不宜小于钢筋直径的5倍

冷轧带肋钢筋是采用普通低碳钢或低合金钢热轧圆盘条为母材，经冷轧或冷拔减径后在其表面冷轧成具有三面或两面月牙形横肋的钢筋

图 2-184 锥螺纹钢筋接头示意图

图 2-185 冷轧带肋钢筋混凝土

绑扎网和绑扎骨架的允许偏差 表 2-17

项　　目		允许偏差（mm）
网的长、宽		±10
网眼尺寸		±20
骨架的宽及高		±5
骨架的长		±10
箍筋间距		±20
受力钢筋	间距	±10
	排距	±5

混凝土保护层最小厚度（mm） 表 2-18

环境类别	板、墙、壳		梁	
	C20～C25	≥C30	C20～C25	≥C30
一	20	15	25	20
二 a	25	20	30	25
二 b	30	25	40	35

注：1. 表中环境类别的划分应按现行国家标准《混凝土结构设计规范》GB 50010—2010 的有关规定确定；
　　2. 用于砌体结构房屋构造柱时，可按表中板、墙、壳的规定取用。

钢筋混凝土纵向受拉钢筋最小锚固长度 表 2-19

钢筋级别	混凝土强度等级			
	C20	C25	C30、C35	≥C40
CRB550 CRB600H	45d	40d	35d	30d

注：1. 表中 d 为冷轧带肋钢筋的公称直径；
　　2. 两根等直径并筋的锚固长度应按表中数值乘以系数 1.4 后取用。

纵向受拉钢筋搭接接头的最小搭接长度　　　　　　　　　　　　表 2-20

混凝土强度等级	C20	C25	C30	C35	≥C40
最小搭接长度	55d	50d	45d	40d	35d

2）冷轧带肋钢筋混凝土结构箍筋及网片一般构造。见图 2-186。

3）冷轧带肋钢筋混凝土结构板的一般构造。见图 2-187～图 2-189。

在抗震设防烈度为7度及以下地区，CRB600H、CRB550钢可用作钢筋混凝土房屋中抗震等级为二、三、四级框架梁、柱的箍筋。箍筋构造措施应符合现行国家标准《混凝土结构设计规范》GB 50010—2010的有关规定

CRB550和CRB600H钢筋可用作砌体房屋中构造柱、芯柱、圈梁的箍筋，也可用作砌体结构及混凝土结构中砌体填充墙的拉结筋或拉结网片

图 2-186　冷轧带肋箍筋

板中受力钢筋的间距，当板厚不大于150mm时不宜大于200mm；当板厚大于150mm时不宜大于板厚的1.5倍，且不宜大于250mm

图 2-187　冷轧带肋钢筋现浇板

冷轧带肋钢筋配筋的空心板，每个肋中的纵向受力钢筋不宜少于1根

图 2-188　空心板

配置预应力冷轧带肋钢筋的预制混凝土板在混凝土圈梁上的支承长度不应小于80mm，在砌墙上的支承长度不应小于100mm。当板搭在圈梁上时，板端伸出的钢筋应与圈梁可靠连接，板端间隙应与圈梁同时浇筑；当板支撑在砌体内墙上时，板端钢筋伸出长度不应小于70mm，并与支座板缝中沿墙纵向配置的钢筋绑扎，用强度等级不低于C25的混凝土浇筑成板带；当板支撑在砌体外墙上时，板端钢筋伸出长度不应小于100mm，并与支座处沿墙纵向配置的钢筋绑扎，用强度等级不低于C25的混凝土浇筑成板带

图 2-189　预制混凝土板

4）冷轧带肋钢筋混凝土墙的一般构造。见图 2-190。

图 2-190　钢筋混凝土墙

（5）钢筋焊接接头试验方法标准

1）拉伸试验方法。见表 2-21。

拉伸试样的尺寸　　　　　　　　　　　　　表 2-21

焊接方法		拉 头 形 式	试样尺寸（mm）	
			l_s	$L \geqslant$
电阻点焊			—	300 $l_s + 2l_j$
闪光对焊			$8d$	$l_s + 2l_j$
电弧焊	双面帮条焊		$8d + l_h$	$l_s + 2l_j$
	单面帮条焊		$5d + l_h$	$l_s + 2l_j$
	双面搭接焊		$8d + l_h$	$l_s + 2l_j$

续表

焊接方法		拉 头 形 式	试样尺寸（mm）	
			l_s	$L \geqslant$
电弧焊	单面搭接焊		$5d+l_h$	l_s+2l_j
	熔槽帮条焊		$8d+l_h$	l_s+2l_j
	坡口焊		$8d$	l_s+2l_j
	窄间隙焊		$8d$	l_s+2l_j
电渣压力焊			$8d$	l_s+2l_j
气压焊			$8d$	l_s+2l_j
预埋件电弧焊			—	200
预埋件 埋弧压力焊				

注：l_s——受试长度；

l_h——焊缝（或镦粗）长度；

l_j——夹持长度（100～200mm）；

L——试样长度；

d——钢筋直径。

107

2）剪切试验方法。见图 2-191。

剪切试验宜采用量程不大于300kN的万能试验机

剪切夹具可分为悬挂式夹具和吊架式锥形夹具两种。试验时应根据试样尺寸和设备条件选用合适的夹具

图 2-191　剪切试验

（a）试验仪器；（b）骨架试样；（c）网试样

3）弯曲试验方法。见图 2-192。

弯曲试验可在压力机或万能试验机上进行

进行弯曲试验时，试样应放在两支点上，并应使焊缝中心，与压头中心线一致。应缓慢地对试样施加弯曲力直至达到规定的弯曲角度或出现裂纹破断为止

图 2-192　弯曲试验

4）冲击试验方法。见图 2-193。

冲击试验机宜在摆锤10%～90%最大能量的范围内使用

试样应紧贴支座放置并使试样缺口的背面朝向摆锤刀刃，试样缺口对称面应位于两支座对称面上，其偏差不应大于0.5mm

同样试验条件下同一部位所取试样的数量不应少于5个，试样应逐个编号，缺口底部处横截面尺寸应精确测量并应记录

试样折断后应检查断口，当发现有气孔、夹渣、裂纹等缺陷时应记录下来

图 2-193　冲击试验

5）疲劳试验方法。见图 2-194。

将试样夹持部分夹在试验机的上下夹具中时，夹具的中心线应与试验机的加载轴线重合

试样不得有气孔、烧伤、压伤和咬边等焊接缺陷

疲劳试验过程中应及时记录各项原始数据，试验完毕应提出试验报告

图 2-194　疲劳试验

（6）预应力筋用锚具、夹具和连接器应用技术规程

1）锚具、夹具和连接器的选用。见表2-22、图2-195、图2-196。

预应力筋用锚具、夹具和连接器按锚固方式不同，可分为夹片式（单孔和多孔夹片锚具）、支承式（镦头锚具、螺母锚具等）、锥塞式（钢质锥形锚具等）和握裹式（挤压锚具、压花锚具等）4种。

锚具的选用   表 2-22

预应力筋品种	选用锚具形式		
	张拉端	固定端	
		安装在结构之外	安装在结构之内
钢绞线及钢绞线束	夹片锚具	夹片锚具 挤压锚具	压花锚具 挤压锚具
高强钢丝泵	夹片锚具 镦头锚具 锥塞锚具	夹片锚具 镦头锚具 挤压锚具	挤压锚具 镦头锚具
精轧螺纹钢筋	螺母锚具	螺母锚具	—

> 预应力混凝土结构工程用锚具在锚固部位的布置，应根据锚具型号、预应力筋数量、混凝土强度等级等条件，进行局部承压验算。锚具间距应满足最小间距的要求。当锚具下的锚垫板要求采用喇叭管时，宜选用钢制或铸铁的产品，锚垫板下应设置足够的螺旋钢筋或网状分布钢筋

> 锚垫板与预应力筋（或孔道）在锚固区及其附近应相互垂直。锚垫板上宜设灌浆孔，此孔还可用于排气或安设水泥浆泌水补偿器。选用锚具时，应根据张拉设备的要求，使现场有足够的操作空间

图 2-195　预应力混凝土结构

图 2-196　锚垫板

2）预应力筋用锚具、夹具和连接器的进场验收。见图2-197～图2-200。

3）预应力筋用锚具、夹具和连接器的使用方法。见图2-201～图2-203。

夹具进场验收时，应进行外观检查、硬度检验和静载锚固性能试验。检验和试验方法与锚具相同

外观检查——从每批中抽10%的锚具且不应少于10套，检查其外观质量和外形尺寸；并按产品技术条件确定是否合格

锚具进场验收时，需方应按合同核对产品质量证明书中所列的型号、数量及适用于何种强度等级的预应力钢材，确认无误后应按下列三项规定进行检验。检验合格后方可在工程中应用

钢绞线

锚环

夹片

挤压头

图 2-198 夹具

硬度检验——对硬度有严格要求的锚具零件，应进行硬度检验。应从每批中抽取5%的样品且不应少于5套，按产品设计规定的表面位置和硬度范围(该表面位置和硬度范围是品质保证条件，由供货方在供货合同中注明)做硬度检验

静载锚固性能试验——在通过外观检查和硬度检验的锚具中抽取6套样品，与符合试验要求的预应力筋组装成3个预应力筋一锚具组装件，并应由国家或省级质量技术监督部门授权的专业质量检测机构进行静载锚固性能试验

图 2-197 锚具

后张法连接器的进场验收规定与锚具相同
先张法连接器的进场验收规定与夹具相同

图 2-199 后张法连接

预应力筋用锚具、夹具和连接器在储存、运输及使用期间均应妥善保管维护，避免锈蚀、沾污、遭受机械损伤、混淆和散失

预应力筋用锚具、夹具和连接器安装前应擦拭干净。当按施工工艺规定需要在锚固零件上涂抹介质以改善锚固性能时，应在锚具安装时涂抹

钢绞线穿入孔道时，应保持外表面干净，不得拖带污物；穿入以后，应将其锚固夹持段及外端的浮锈和污物擦拭干净

回程

张拉

锚具和连接器安装时应与孔道对中。锚垫板上设置对中止口时，则应防止锚具偏出止口以外，形成不平整支承状态。夹片式锚具安装时，各根预应力钢材应平顺，不得扭绞交叉；夹片应打紧，并外露一致

图 2-200 锚具示意图

1—工具夹片；2—工具锚环；3—过渡套；4—千斤顶；5—限位板；

6—工作夹片；7—工作锚环；8—锚垫板；9—螺旋筋；10—波纹管

使用钢丝束镦头锚具前，应确认该批预应力钢丝的可镦性，即其物理力学性能应能满足镦头锚的全部要求。钢丝镦头尺寸不应小于规定值，头形应圆整端正。钢丝墩头的圆弧形周边出现纵向微小裂纹时，其裂纹长度不得延伸至钢丝母材，不得出现斜裂纹或水平裂纹

预应力筋张拉锚固后，应对张拉记录和锚固状况进行复查，确认合格后，方可切割露于锚具之外的预应力筋多余部分。切割工作应使用砂轮锯；当使用砂轮锯有困难时也可使用氧乙炔焰，严禁使用电弧。当用氧乙炔焰切割时，火焰不得接触锚具；切割过程中还应用水冷却锚具。切割后预应力筋的外露长度不应小于30mm

预应力筋锚固以后，因故必须放松时，对于支承式锚具可用张拉设备松开锚具，将预应力缓慢地卸除；对于夹片式、锥塞式等锚具，宜采用专门的放松装置将锚具松开。任何时候都不得在预应力筋存在拉力的状态下直接将锚具切去

图 2-201　钢丝束镦头锚具

图 2-202　预应力筋锚固

锚固区预应力筋端头的混凝土保护层厚度不应小于20mm；在易受腐蚀的环境中，保护层还宜适当加厚。对凸出式锚固端，锚具表面距混凝土边缘不应小于50mm。封头混凝土内应配置1～2片钢筋网，并应与预留锚固筋绑扎牢固

后张法预应力混凝土构件或结构在张拉预应力筋后，宜及时向预应力筋孔道中压注水泥浆。先张法生产预应力混凝土构件时，张拉预应力筋后，宜及时浇筑构件混凝土

在无粘结预应力筋的端部塑料护套断口处，应用塑料胶带严密包缠，防止水分进入护套。在张拉后的锚具夹片和无粘结筋端部，应涂满防腐油脂，并罩上塑料（PE）封端罩，并应达到完全密封的效果。也可采用涂刷环氧树脂达到完全密封的效果

图 2-203　后张法预应力筋锚固

3 与模板有关的规范

3.1 混凝土结构工程施工质量验收规范

3.1.1 建筑模板

建筑模板是一种临时性支护结构，按设计要求制作，使混凝土结构、构件按规定的位置、几何尺寸成形，保持其正确位置，并承受建筑模板自重及作用在其上的外部荷载。实施模板工程的目的是保证混凝土工程质量与施工安全、加快施工进度和降低工程成本。使用模板的地坪、胎模等应平整光洁，不得产生影响构件质量的下沉、裂缝、起砂或起鼓。

现浇混凝土结构工程施工用的建筑模板主要由面板、支撑结构和连接件组成。模板工程应编制专项施工方案。滑模、爬模、飞模等工具式模板工程及高大模板支架工程的专项施工方案，应进行技术论证。对模板及支架，应进行设计。模板及支架应具有足够的承载力、刚度和稳定性，应能可靠地承受施工过程中所产生的各类荷载（见图 3-1）。模板按施工工艺条件可分为现浇混凝土模板、预组装模板、大模板、跃升模板等。

对模板标高、尺寸、起拱、支架、垫板、立柱进行验收

混凝土浇筑前模板内清理干净，木模板浇水润湿，钢模应涂脱模剂

图 3-1　模板及支护结构验收

模板及支架的设计应符合下列规定：模板及支架的结构设计宜采用以概率理论为基础、以分项系数表达的极限状态设计方法；模板及支架的设计计算分析中所采用的各种简化和近似假定，应有理论或试验依据，或经工程验证可行；模板及支架应根据施工期间各种受力状况进行结构分析，并确定其最不利的作用效应组合，见表 3-1。

最不利的作用效应组合　　　　　　　　　　　　　　表 3-1

模板结构类别	最不利的作用效应组合	
	计算承载力	变形验算
混凝土水平构件的底模板及支架	$G_1+G_2+G_3+Q_1$	$G_1+G_2+G_3$
高大模板支架	$G_1+G_2+G_3+Q_1$	$G_1+G_2+G_3$
	$G_1+G_2+G_3+Q_2$	

续表

模板结构类别	最不利的作用效应组合	
	计算承载力	变形验算
混凝土竖向构件或水平构件的侧面模板及支架	$G_4 + Q_5$	G_4

注：1. 对于高大模板支架，表中（$G_1 + G_2 + G_3 + Q_2$）的组合用于模板支架的抗倾覆验算；
2. 混凝土竖向构件或水平构件的侧面模板及支架的承载力计算效应组合中的风荷载 Q_3 只用于模板位于风速大和离地高度大的场合；
3. 表中的"+"仅表示各项荷载参与组合，而不表示代数相加。

模板及支架材料的技术指标应符合国家现行有关标准的规定，模板及支架宜选用轻质、高强、耐用的材料。连接件宜选用标准定型产品。接触混凝土的模板表面应平整，并应具有良好的耐磨性和硬度；清水混凝土的模板面板材料应保证脱模后所需的饰面效果。脱模剂涂于模板表面后，应能有效减小混凝土与模板间的吸附力，应有一定的成模强度，且不应影响脱模后混凝土表面的后期装饰（见图 3-2）。

拆模后混凝土接触面应平整无蜂窝麻面

图 3-2 拆模后的表观

模板及支架的变形限值应符合下列规定：对结构表面外露的模板，挠度不得大于模板构件计算跨度的 1/400；对结构表面隐蔽的模板，挠度不得大于模板构件计算跨度的 1/250；清水混凝土模板，挠度应满足设计要求；支架的轴向压缩变形值或侧向弹性挠度值不得大于计算高度或计算跨度的 1/1000。模板支架的高宽比不宜大于 3；当高宽比大于 3 时，应增设稳定性措施，并应进行支架的抗倾覆验算。模板支架结构钢构件容许长细比见表 3-2。

模板支架结构钢构件容许长细比   表 3-2

构件类别	容许长细比
受压构件的支架立柱及桁架	180
受压构件的斜撑、剪刀撑	200
受拉构件的钢杆件	350

3.1.2 组合式钢模板

组合式钢模板是现代模板技术中具有通用性强、装拆方便、周转次数多等优点的一种"以钢代木"的新型模板，用它进行现浇钢筋混凝土结构施工，可事先按设计要求组拼成梁、柱、墙、楼板的大型模板，整体吊装就位，也可采用散装散拆方法。

3.1.3 铝模板

铝模板是采用铝合金制作的新型建筑模板，是建筑行业新兴起的绿色施工模板，以操作简单、施工快、回报高、环保节能、使用次数多、混凝土浇筑效果好、可回收等特点，被各建筑公司采用。2014 年 11 月 27 日，在"扩大铝在建筑行业应用高层论坛"上提出要扩大铝模板应用，重点推广铝模板，尽快实施铝模板施工标准等。

底模及其支架拆除时的混凝土强度应符合设计要求，当设计无要求时应符合表 3-3 的强度要求。

混凝土拆模强度要求   表 3-3

构件类型	构件跨度(m)	达到设计的混凝土方体抗压强度标准值的百分率(%)
板	≤2	≥50
	>2，≤8	≥75
	>8	≥100
梁、拱、壳	≤8	≥75
	>8	≥100
悬臂构件	—	≥100

对跨度大于等于 4m 的现浇钢筋混凝土梁、板，其模板应按设计要求起拱；当设计无具体要求时起拱高度宜为跨度的 1/1000～3/1000。这是为了减小视觉上梁板因自重和上部荷载导致的下挠，当然也考虑了一定的施工模板因素。跨度过大的梁如果在满足承载力的前提下不考虑挠度的话，梁的挠度会很大，混凝土规范要求满足一定的挠度值，这是正常使用极限状态的要求。

例如：12m 的梁允许挠度值为 40mm，施工时再起拱 24mm，最终下挠值变为 16mm（这是理论值），视觉上就很难感觉出来。梁或板的挠度过大会给人一种不安全的感觉，但事实上在满足承载力的前提下，梁下挠也是安全的。

3.1.4 梁板的起拱

新标准对梁板起拱后截面高度问题作了详细的描述，在模板起拱的同时梁的高度和板的厚度不能减少，不能使构件截面高度受影响，在执行时注意检查梁板在跨中部位侧模的高度。梁的起拱及找平层如图 3-3 所示。

图 3-3 梁的起拱及找平层

3.1.5 剪力墙木模板的几种细部做法

（1）模板拼缝的控制

模板的拼缝（横缝）应严密，拼缝均采用 20mm×3mm 的双面胶带进行拼接、压实。

墙板拼缝（竖缝）要求采用压缝处理，即竖缝留置在一根方木的中心线上，保证加固体系的荷载在相邻两块模板上均匀受力，从而杜绝模板拼缝错台、漏浆等质量问题的出现

（见图 3-4、图 3-5）。

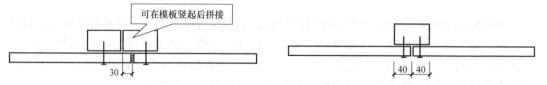

图 3-4　长肢墙板模板竖向拼缝做法　　　　图 3-5　短肢墙板模板竖向拼缝做法

（2）阳角的控制

1）墙柱阳角采用企口配模，阳角拼缝避免出现直缝，应至少作 90°弯（见图 3-6、图 3-7）。

图 3-6　双企口实拍图片

图 3-7　剪力墙、柱阳角双企口配模方式

2）模板整体加固完成后，剪力墙模板阳角部位在两道对拉螺栓（间距 500mm）中间采用一道镰刀卡加固，镰刀卡间距不超过 500mm，离地面高度不应超过 150mm，剪力墙端部竖向加固螺栓距端部不应超过 200mm。

3）梁、柱、墙交接部位支撑要牢固可靠，拼缝要严密，发生错位要及时校正，墙模板拼缝处设置木方压缝处理。

（3）阴角的控制

墙、柱、梁模板阴角必须设置阴角方木。剪力墙阴角方木用加固钢管锁死，防止移位，保证阴角顺直，无跑浆、错台、漏浆现象（见图 3-8）。

（4）墙柱根部止浆措施

1）模板就位后，将角钢沿模板根部敷设，确保角钢长度（墙端部可采用短木方或木板）

2）加固时方木时确保方木落地，并将角钢夹紧。

3）第一步螺栓加固应控制在 150mm 高度内。

角钢做法见图 3-9、图 3-10。

（5）上下层墙体接茬处预埋锁扣螺栓（楼梯间、电梯间、外墙）

1）下层剪力墙浇筑前，在剪力墙顶标高以下 100～150mm 预埋锁底口对拉螺栓，对拉螺栓横向间距不得超过 500mm，距离端部不大于 200mm。

2）模板安装前，在剪力墙上口弹线，粘贴双面胶或钉海绵条。

3）上层模板安装加固时，将竖向方木延伸至锁脚对拉螺栓以下，并用钢管加固在下层预埋螺栓上。

图 3-9　剪力墙、柱根部止浆做法

图 3-8　阴角方木实拍图片

图 3-10　剪力墙、柱根部止浆做法实拍图片

4）混凝土浇筑完成后，如有漏浆现象，应及时用清水冲刷掉外墙接茬处灰浆，确保现浇结构无污染。

预埋锁扣螺栓做法见图 3-11～图 3-14。

图 3-11　锁扣螺栓示意图

图 3-12　使用锁扣螺栓实拍效果

3.1.6　模板施工质量验收

模板分项工程是对混凝土浇筑成型用的模板及支架的设计、安装、拆除等一系列技术工作和所完成实体的总称。由于模板及支架的材料、配件可以周转重复使用，故模板及支架验收时的检验批划分可依据模板及支架的数量或混凝土结构（构件）的数量确定。

模板工程施工质量验收主要包含以下几个方面：

（1）根据住房和城乡建设部《危险性较大的分部分项工程安全管理办法》（建质

图 3-13　锁扣螺栓安装图

图 3-14　清洗漏浆墙面

［2009］87 号）的要求和多项现行国家标准的规定，编制、审查并认真实施施工方案是施工单位控制模板工程质量和安全的基本措施之一，对模板的质量验收，首先应对施工单位是否按照相关规定编制施工方案作为检查的重点。

（2）模板及支架应根据安装、使用和拆除工况进行设计，并应满足承载力、刚度和整体稳固性要求。模板及支架虽然是施工过程中的临时结构，但其受力情况复杂，在施工过程中可能遇到多种不同的荷载及其组合，某些荷载还具有不确定性，故其设计既要符合建筑结构设计的基本要求，考虑结构形式、荷载大小等，又要结合施工过程的安装、使用和拆除等各种主要工况进行设计，以保证其安全可靠，在任何一种可能遇到的工况下仍具有足够的承载力、刚度和稳固性（见图 3-15）。

模板及支架的设计，应符合建筑结构设计的要求及施工过程的安装、使用和拆除等工况进行设计

图 3-15　模板支撑体系

（3）模板及支架用材料的技术指标应符合国家现行有关标准的规定。目前常用的模板及支架材料种类繁多，质量差异较大，部分材料、配件的材质、规格尺寸、力学性能等若不符合要求，将给模板及支架的质量、安全留下隐患，甚至可能酿成事故。对模板的及支

架主要核查其质量证明文件，对模板的厚度、平整度，支架杆件的直径、壁厚、外观，连接件的规格、尺寸、重量、外观等进行观察和必要的尺量检查（见图 3-16）。

模板材料进场时，应核查其质量证明文件，检查模板平整度、厚度、规格尺寸是否符合要求

图 3-16　覆膜板

（4）现浇混凝土结构模板及支架的安装质量，应符合国家现行有关标准的规定和施工方案的要求。对于扣件式钢管支架，应重点检查其立杆纵距、立杆横距、支架步距、扫地杆的设置、剪刀撑的设置、可调托座的外伸长度等（见图 3-17）。

扣件式钢管支架，应重点检查其立杆间距、步距、扫地杆、剪刀撑等是否按照模板专项施工方案搭设

图 3-17　扣件式钢管支架

（5）模板的接缝应严密，模板内不应有杂物、积水或冰雪等，模板与混凝土的接触面应平整、清洁，不应有影响构件质量的下沉、裂缝、起砂或起鼓。

（6）后浇带模板及支架由于施工中留置的时间较长，不能与相邻的混凝土模板及支架同时拆除，且不宜拆除后二次支撑，故后浇带模板应独立设置（图 3-18）。

（7）现浇结构模板安装的偏差及检验方法应符合表 3-4 的规定，模板安装质量检查见图 3-19、图 3-20。

后浇带模板单独设置，其混凝土强度达到设计要求之前不应拆除

图 3-18　后浇带模板支架

现浇结构模板安装的允许偏差及检验方法　　　　表 3-4

项　目		允许偏差(mm)	检验方法
轴线位置		5	尺量
底摸上表面标高		±5	水准仪或拉线、尺量
模板内部尺寸	基础	±10	尺量
	柱、墙、梁	±5	尺量
	楼梯相邻踏步高差	5	尺量
柱、墙垂直度	柱、墙层高≤6m	8	经纬仪或吊线、尺量
	柱、墙层商＞6m	10	经纬仪或吊线、尺量
相邻模板表面高差		2	尺量
表面平整度		5	2m靠尺和塞尺量测

吊线检查剪力墙、柱模板安装垂直度

图 3-19　剪力墙模板垂直度检查

拉线检查底模板上表面标高

图 3-20　底模上表面标高检查

3.2 建筑施工模板安全技术规范

3.2.1 荷载及变形值的规定

（1）组合钢模板及其构配件（见图 3-21）的最大变形值不得超过表 3-5 的规定。

组合钢模板及其构配件的容许变形值   表 3-5

部件名称	容许变形值(mm)
钢模板的面板	≤1.5
单块钢模板	≤1.5
钢楞	$L/500$ 或 ≤3.0
柱箍	$B/500$ 或 ≤3.0
桁架、钢模板结构体系	$L/1000$
支撑系统累计	≤4.0

注：L 为计算跨度，B 为柱宽度。

（2）爬模应采用大模板。爬模及其部件（见图 3-22）的最大变形值不得超过下列容许值：

大钢模板进场后施工单位质检员应对钢模板(面板)及组拼完成的钢模板体系的变形值(平整度)结合表3-1进行验收，确保施工的质量

窗口钢模板固定于内侧墙体大钢模板上

图 3-21　组合钢模板体系

图 3-22　爬模体系施工图

1）爬架立柱的安装变形值不得大于爬架立柱高度的 1/1000。

2）爬模结构的主梁，根据重要程度的不同，其最大变形值不得超过计算跨度的 1/500～1/800。

3）支点间轨道变形值不得大于 2mm。

3.2.2 设计

模板结构构件长细比应符合下列规范：

（1）受压构件长细比：支架立柱及桁架不应大于 150（见图 3-23）；拉条、缀条、斜撑等连系构件不应大于 200。

（2）受拉构件长细比：钢杆件不应大于 350；木杆件不应大于 250。见图 3-24。

图 3-23　顶板支撑体系施工图 1

图 3-24　顶板支撑体系施工图 2

注：一方面为避免自重引起的过分垂曲（例如桁架的上弦杆或斜杆），另一方面为消除振动影响，这里特对受压、受拉杆件的最大长细比作了限制要求。

3.2.3　模板构造与安装

（1）支撑梁、板的支架立柱安装构造应符合下列规定：

1）梁和板的立柱，纵横向间距应相等或成倍数。

2）木立柱底部应设垫木，顶部应设支撑头。钢管立柱底部应设垫木和底座，顶部应设可调支托，U 形支托与楞梁两侧间如有间隙，必须楔紧，其螺杆伸出钢管顶部不得大于 200mm，螺杆外径与立柱钢管内径的间隙不得大于 3mm，安装时应保证上下同心。见图 3-25。

3）在立柱底距地面 200mm 高处，沿纵横水平方向应按纵下横上的程序设扫地杆。可调支托底部的立柱顶端应沿纵横向设置一道水平拉杆，如图 3-26 所示。扫地杆与顶部水平拉杆之间的间距，在满足模板设计所确定的水平拉杆步距要求的条件下，进行平均分配确定步距后，在每一步距处纵横向应各设一道水平拉杆。当层高为 8～20m 时，在最顶步距两水平拉杆中间应加设一道水平拉杆；当层高大于 20m 时，在最顶两步距水平拉杆中间应分别增加一道水平拉杆，如图 3-27 所示。所有水平拉杆的端部均应与四周建筑物顶紧顶牢。无处可顶时，应于水平拉杆端部和中部沿竖向设置连续式剪刀撑，如图 3-28 所示。

4）木立柱的扫地杆、水平拉杆、剪刀撑应采用 40mm×50mm 的木条或 25mm×80mm 的木板条与木立柱钉牢。钢管立柱的扫地杆、水平拉杆、剪刀撑应采用 ϕ48mm×3.5mm 的钢管用扣件与钢管立柱扣牢。木立柱的扫地杆、水平拉杆、剪刀撑应采用搭接，并应用铁钉钉牢。钢管立柱的扫地杆、水平拉杆应采用对接，剪刀撑应采用搭接，搭接长度不得小于 500mm，用两个旋转扣件分别在离杆端不小于 100mm 处进行固定。如图 3-29、图 3-30 所示。

顶部设可调支托，其螺杆伸出钢管顶部不得大于200mm

梁板支撑体系立柱纵横向间距应相等

钢管立柱底部应设垫木和底座。垫木板厚度不得小于50mm

图 3-25　顶板支撑立杆布置图 1

可调支托底部的立柱顶端应沿纵横向设置一道水平拉杆

在立柱底距地面200mm高处，沿纵横水平方向应按纵下横上的程序设扫地杆

图 3-26　顶板支撑立杆布置图 2

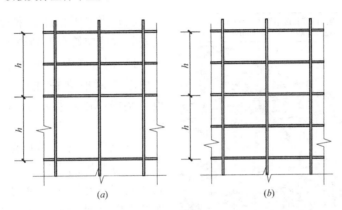

图 3-27　顶板支撑立杆布置图 3（h 为步距）

（a）最顶层一步架加密；（b）最顶层两步架加密

所有水平拉杆的端部均应与四周建筑物顶紧顶牢。无处可顶时，应于水平拉杆端部和中部沿竖向设置连续式剪刀撑

图 3-28　顶板支撑剪刀撑布置图

图 3-29　剪刀撑钢管安装要求

图 3-30　剪刀撑钢管安装

（2）当采用扣件式钢管作立柱支撑时，其安装构造应符合下列规定：

1）钢管规格、间距、扣件应符合设计要求。每根立柱底部应设置底座及垫板，垫板厚度不得小于 50mm。如图 3-31 所示。

2）钢管支架立柱间距、扫地杆、水平拉杆、剪刀撑的设置应符合前述规定。当立柱底部不在同一高度时，高处的纵向扫地杆应向低处延长不少于两跨，高低差不得大于 1m，立柱距边坡上方边缘不得小于 0.5m。如图 3-31 所示。

图 3-31　高低跨钢管立杆布置图（h 为步距、l_a 为立杆间距）

3）立柱接长严禁搭接，必须采用对接扣件连接，相邻两立柱的对接接头不得在同步内，且对接接头沿竖向错开的距离不宜小于 500mm，各接头中心距主节点不宜大于步距的 1/3。如图 3-32 所示。

4) 严禁将上段钢管立柱与下段钢管立柱错开固定于水平拉杆上。如图 3-33 所示。

图 3-32 立杆对接扣件设置要求示意图（h 为步距）　　　　图 3-33 立杆钢管接高设置错误

5) 满堂模板和共享空间模板的支架立柱，在外侧周圈应设由下至上的竖向连续式剪刀撑；在中间纵横向应每隔 10m 左右设由下至上的竖向连续式剪刀撑，其宽度宜为 4~6m，

图 3-34 剪刀撑布置图（一）

图 3-35　剪刀撑布置图（二）

图 3-36　剪刀撑搭设布置图

并在剪刀撑的顶部、扫地杆处设置水平剪刀撑（见图 3-34）。剪刀撑杆件的底端应与地面顶紧，夹角宜为 45°～60°。当建筑层高为 8～20m 时，除应满足上述规定外，还应在纵横向相邻的两竖向连续式剪刀撑之间增加之字斜撑，在有水平剪刀撑的部位，应在每个剪刀撑中间处增加一道水平剪刀撑（见图 3-35、图 3-36）。当建筑层高超过 20m 时，在满足以上规定的基础上，应将所有之字斜撑全部改为连续式剪刀撑（见图 3-37）。

图 3-37　剪刀撑布置图（三）

注：扣件式立柱采用对接接长，能达到传力明确，没有偏心，可大大提高承载能力。试验表明，一个对接扣件的承载能力比搭接扣件的承载能力大 2.14 倍。而且搭接会产生较大的偏心荷载，造成事故。

6）当支架立柱高度超过 5m 时，应在立柱周圈外侧和中间有结构柱的部位，按水平间距 6～9m、竖向间距 2～3m 与建筑结构设置一个固结点。如图 3-38 所示。

模板支撑体系须按规范要求与结构构件进行拉结固定，拉结可采用水平杆延伸与结构柱抱死或通过墙体预留洞搭设抱角拉结脚手架与支撑体系拉结固定

图 3-38　支撑立杆结构拉结固定

3.3　建筑施工门式钢管脚手架安全技术规范

3.3.1　构造要求

（1）不同型号的门架与配件严禁混合使用。见图 3-39。

（2）门式脚手架剪刀撑的设置（见图 3-40）必须符合下列规定：

1）当门式脚手架搭设高度在 24m 及以下时，在脚手架外侧的转角处、两端及中间间隔不超过 15m 的立面必须各设置一道剪刀撑，并应由底至顶连续设置；

2）当脚手架搭设高度超过 24m 时，在脚手架外侧全立面上必须设置连续剪刀撑；

3）对于悬挑脚手架，在脚手架外侧全立面上必须设置连续剪刀撑。

图 3-39　门式脚手架施工布置图　　　　图 3-40　门式脚手架外侧连续剪刀撑设置

（3）在门式脚手架的转角处或开口型脚手架端部，必须增设连墙件，连墙件的垂直间距不应大于建筑物的层高，且不应大于 4.0m。如图 3-41 所示

（4）门式脚手架与模板支架的搭设场地必须平整坚实（见图 3-42），并应符合下列规定：

1）回填土应分层回填，逐层夯实；

2）场地排水应顺畅，不应有积水。

在建筑物的转角处，门式脚手架内、外立杆上应按步设置水平连接杆、斜撑杆，将转角处的两榀门架连成整体

门式脚手架杆件底板应设置垫木，垫木厚度不得小于50mm

门式脚手架杆件搭设场地宜使用细石混凝土进行硬化，并设置一定排水坡度

图 3-41　门式脚手架连墙件设置　　　　图 3-42　门式脚手架杆件搭设场地

3.3.2　搭设与拆除

（1）门式脚手架连墙件的安装必须符合下列规定：

1）连墙件的安装必须随脚手架搭设同步进行，严禁滞后安装（见图3-43）；

2）当脚手架操作层高出相邻连墙件两步时，在连墙件安装完毕前必须采用确保脚手架稳定的临时拉结措施。

（2）拆除作业（见图3-44）必须符合下列规定：

1）架体的拆除应从上至下逐层进行，严禁上下同时作业。

2）同一层的构配件和加固杆件必须按先上后下、先外后内的顺序进行拆除。

3）连墙件必须随脚手架逐层拆除，严禁先将连墙件整层或数层拆除后再拆架体。拆除作业过程中，当架体的自由高度大于两步时，必须加设临时拉结。

4）连接门架的剪刀撑等加固杆件必须在拆卸该门架时拆除。

（3）门架与配件应采用机械或人工运至地面，严禁抛投。

图 3-43　门式脚手架连墙件设置

图 3-44　门式脚手架拆除

3.3.3　安全管理

（1）门式脚手架与模板支架作业层上严禁超载。

（2）严禁将模板支架、缆风绳、混凝土泵管、卸料平台等固定在门式脚手架上。

（3）在门式脚手架使用期间，脚手架基础附近严禁进行挖掘作业。

图 3-45　施工期间禁止拆除交叉支撑和加固杆

图 3-46　脚手架拆除派专人看守

（4）满堂脚手架与模板支架的交叉支撑和加固杆，在施工期间禁止拆除（见图3-45）。

（5）在门式脚手架或模板支架上进行电、气焊作业时，必须有防火措施和专人看护。

（6）搭、拆门式脚手架或模板支架时，必须设置警戒线、警戒标志，并应派专人看守（见图3-46），严禁非作业人员入内。

3.4 建筑施工扣件式钢管脚手架安全技术规范

3.4.1 构配件

可调托撑（见图3-47）抗压承载力设计值不应小于40kN，支托板厚度不应小于5mm。

3.4.2 构造要求

（1）主节点处必须设置一根横向水平杆（见图3-48），用直角扣件扣接且严禁拆除。

可调托撑应有产品质量合格证、质量检验报告。对进场的可调托撑抽取0.3%使用游标卡尺对支托板厚度进行检查

图3-47 可调托撑样品

图3-48 主节点处设置横向水平杆

（2）脚手架立杆基础不在同一高度上时，必须将高处的纵向扫地杆向低处延长两跨与立杆固定，高低差不应大于1m。靠坡上方的立杆轴线到边坡的距离不应小于500mm。如图3-49所示。

（3）单排、双排与满堂脚手架立杆接长除顶层顶步外，其余各层各步接头必须采用对接扣件连接。如图3-50所示。

（4）开口型脚手架的两端必须设置连墙件，连墙件的垂直间距不应大于建筑物的层高，并且不应大于4m。如图3-51所示。

（5）高度在24m及以上的双排脚手架应在外侧全立面连续设置剪刀撑（见图3-52）；高度在24m以下的单、双排脚手架，均必须在外侧两端、转角及中间间隔不超过15m的立面上，各设置一道剪刀撑，并应由底至顶连续设置（见图3-53）。

图 3-49　纵、横向扫地杆构造

1—横向扫地杆；2—纵向扫地杆

图 3-50　对接扣件安装

图 3-51　脚手架连墙件设置

图 3-52　高度 24m 及以上剪刀撑布置

图 3-53　高度 24m 以下剪刀撑布置

（6）开口型双排脚手架的两端均必须设置横向斜撑。如图 3-54 所示。

图 3-54　开口型双排脚手架两端斜撑设置

1—小横杆；2—立杆；

（a）示意图；（b）实物图

3.4.3　施工

（1）单、双排脚手架拆除作业必须由上至下逐层进行，严禁上下同时作业；连墙件必须随脚手架逐层拆除，严禁先将连墙件整层或数层拆除后再拆脚手架；分段拆除高差大于两步时，应增设连墙件加固。如图 3-55 所示。

（2）卸料时各构配件严禁抛掷至地面。如图 3-56 所示。

图 3-55　连墙件拆除

图 3-56　脚手架拆除

3.4.4　检查与验收

扣件进入施工现场应检查产品合格证，并应进行抽样复试（检验报告如图 3-57 所示），技术性能应符合现行国家标准《钢管脚手架扣件》GB 15831—2006 的规定（见图3-58）。扣件在使用前应逐个挑选，有裂缝、变形、螺栓出现滑丝的严禁使用。

图 3-57　扣件检验报告

3.4.5　安全管理

（1）扣件式钢管脚手架安装与拆除人员必须是经考核合格的专业架子工。架子工应持证上岗（见图3-59）。

（2）钢管上严禁打孔。

（3）作业层上的施工荷载应符合设计要求，不得超载。不得将模板支架、缆风绳、泵送混凝土和砂浆的输送管等固定在架体上；严禁悬挂起重设备，严禁拆除或移动架体上安全防护设施。

（4）满堂支撑架顶部的实际荷载不得超过设计规定。

（5）在脚手架施工期间，严禁拆除下列杆件：

1）主节点处的纵、横向水平杆，纵、横向扫地杆；

2）连墙件。

（6）当在脚手架使用过程中开挖脚手架基础下的设备基础或管沟时，必须对脚手架采取加固措施（见图 3-60）。

图 3-58 扣件复试规范

图 3-59 架子工特种作业操作证

图 3-60 脚手架下开挖必须进行加固

3.5 建筑施工碗扣式钢管脚手架安全技术规范

3.5.1 构配件材料、制作及检验

（1）采用钢板热冲压整体成型的下碗扣（图 3-61），钢板应符合现行国家标准《碳素

结构钢》GB/T 700—2006 中 Q235A 级钢的要求，板材厚度不得小于 6mm，并应经 600 ~650℃的时效处理。严禁利用废旧锈蚀钢板改制。

图 3-61　碗扣架施工示意图

(a) 连接前；(b) 连接后

(2) 可调底座底板的钢板厚度不得小于 6mm，可调托撑的钢板厚度不得小于 5mm。碗扣架底座、托撑实物如图 3-62 所示。

图 3-62　碗扣架底座、托撑实物

图 3-63 可调托撑安装示意图
1—可调托撑；2—丝杆；3—调节
螺母；4—立杆

（3）可调底座及可调托撑丝杆与调节螺母啮合长度不得少于 6 扣，插入立杆内的长度不得小于 150mm。如图 3-63 所示。

3.5.2 结构设计计算

受压杆件长细比不得大于 230，受拉杆件长细比不得大于 350。

3.5.3 构造要求

（1）双排脚手架首层立杆应采用不同的长度交错布置，底层纵、横向横杆作为扫地杆距地面高度应小于或等于 350mm，严禁施工中拆除扫地杆，立杆应配置可调底座或无固定底座。如图 3-64 所示。

（2）双排脚手架专用外斜杆设置应符合下列规定：

1）斜杆应设置在有纵、横杆的碗扣节点上（见图 3-65）；

图 3-64 碗扣式脚手架搭设

图 3-65 碗扣式脚手架斜杆布置

2）在封圈的脚手架拐角处及一字形脚手架的端部应设置竖向通高斜杆（见图 3-66）；

3）当脚手架高度小于或等于 24m 时，每隔 5 跨应设置一组竖向通高斜杆；当脚手架

图 3-66 碗扣式脚手架专用外斜杆设置示意图

高度大于 24m 时，每隔 3 跨应设置一组竖向通高斜杆；斜杆应对称设置；

4）当斜杆临时拆除时，拆除前应在相邻立杆间设置相同数量的斜杆。

（3）当采用钢管扣件作斜杆时应符合下列规定：

1）斜杆应每步与立杆扣接，扣接点距碗扣节点的距离不应大于 150mm；当不能与立杆扣接时，应与横杆扣接，扣件扭紧力矩为 40～65N·m；

2）纵向斜杆应在全高方向设置成八字形且内外对称，斜杆间距不应大于 2 跨。如图 2-67 所示。

(a)   *(b)*

图 3-67 碗扣式脚手架八字形斜撑布置图

(a) 示意图；*(b)* 实物图

（4）连墙件的设置应符合下列规定：

1）连墙件应呈水平设置，当不能呈水平设置时，与脚手架连接的一端应下斜连接；

2）每层的连墙件应在同一平面，其他位置应通过建筑结构和风荷载计算确定，且水平间距不应大于 4.5m；

3）连墙件应设置在有横杆的碗扣节点处，当采用钢管扣件作连墙件时，连墙件应与立杆连接，连接点距碗扣节点距离不应大于 150mm；

4）连墙件应采用可承受拉、压荷载的刚性结构，连接应牢固可靠。

（5）当脚手架高度大于 24m 时，顶部 24m 以下所有的连墙件层必须设置水平斜杆，水平斜杆应设置在纵向横杆之下。如图 3-68 所示。

（6）模板支撑架斜杆设置应符合下列要求：

1）当立杆间距大于 1.5m 时，应在拐角处设置通高专用斜杆，中间每排每列应设置通高八字形斜杆或剪刀撑。如图 3-69所示。

图 3-68 水平斜杆设置示意图

2）当立杆间距小于 1.5m 时，模板支撑架四周从底到顶连续设置竖向剪刀撑；中间纵、横向由底至顶连续设置竖向剪刀撑，其间距应小于或等于 4.5m。如图 3-70 所示。

图 3-69　模板支撑架斜杆设置

图 3-70　模板支撑架四周通高剪刀撑设置

3）剪刀撑的斜杆与地面夹角应在 $45°\sim60°$ 之间，斜杆应每步与立杆扣接。如图 3-71 所示。

（7）当模板支撑架高度大于 4.8m 时，顶端和底部必须设置水平剪刀撑，中间水平剪刀撑设置间距应小于或等于 4.8m。如图 3-72 所示。

图 3-71　支撑架剪刀撑搭设要求

图 3-72　支撑架水平剪刀撑设置

3.5.4　施工

（1）脚手架基础必须按专项施工方案进行施工，按基础承载力要求进行验收。

（2）连墙件必须随双排脚手架升高及时在规定的位置处设置，严禁任意拆除。

（3）连墙件必须在双排脚手架拆到该层时方可拆除，严禁提前拆除。

3.5.5　安全使用与管理

严禁脚手架基础及邻近处进行挖掘作业。

3.6 建筑施工高处作业安全技术规范

3.6.1 基本规定

（1）雨天和雪天进行高处作业时，必须采取可靠的防滑、防寒和防冻措施。水、冰、霜、雪均应及时清除。

对进行高处作业的高耸建筑物，应事先设置避雷设施。遇有六级以上强风、浓雾等恶劣气候，不得进行露天攀登与悬空高处作业。暴风雪及台风暴雨后，应对高处作业安全设施逐一加以检查，发现有松动、变形、损坏或脱落等现象，应立即修理完善。

（2）防护棚（见图 3-73）搭设与拆除时，应设警戒区，并应派专人监护。严禁上下同时拆除。

3.6.2 临边与洞口作业的安全防护

（1）对临边高处作业，必须设置防护措施，并应符合下列规定：

1）基坑周边，尚未安装栏杆或栏板的阳台、料台与挑平台周边，雨篷与挑檐边，无外脚手架的屋面与楼层周边及水箱与水塔周边等处，都必须设置防护栏杆。如图 3-74 所示。

防护栏杆应安装牢固，高度不低于1.2m

图 3-73　工具式防护棚　　　　　　　图 3-74　临边防护栏杆设置

2）头层墙高度超过 3.2m 的二层楼面周边，以及无外脚手架的高度超过 3.2m 的楼层周边，必须在外围架设安全平网一道。如图 3-75、图 3-76 所示。

3）分层施工的楼梯口和梯段边，必须安装临时防护栏杆（见图 3-77）。顶层楼梯口应随工程结构进度安装正式防护栏杆。

4）井架与施工用电梯和脚手架等及建筑物通道的两侧边，必须设防护栏杆（见图 3-78）。地面通道上部应装设安全防护棚。双笼井架通道中间，应予分隔封闭。

5）各种垂直运输接料平台，除两侧设防护栏杆外，平台口还应设置安全门或活动防护栏杆。如图 3-79 所示。

多层建筑首层四周必须支搭3m宽的水平安全网，网底距地面不得小于3m

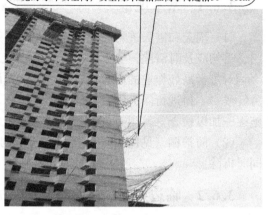

高层建筑物首层四周应搭设6m宽的双层水平安全网，网底距地面不得小于5m。安全网下方不得堆放物品。多层和高层建筑物应每隔四层且不大于10m，设一道3m宽的水平安全网，安全网外边沿应高于内边沿50～60cm

图 3-75　安全平网设置 1　　　　　　　　图 3-76　安全平网设置 2

施工用电梯的两侧边，必须设防护栏杆

地面通道上部应装设安全防护棚（双层防砸棚）

建筑物通道的两侧边，必须设防护栏杆

图 3-77　楼梯边临时防护栏杆　　　　　　图 3-78　施工用电梯防护栏杆

（2）搭设临边防护栏杆时，必须符合下列要求：

1）防护栏杆应由上、下两道横杆及栏杆柱组成，上杆离地高度为 1.0～1.2m，下杆离地高度为 0.5～0.6m。坡度大于 1：2.2 的屋面，防护栏杆高度应为 1.5m，并加挂安全立网。除经设计计算外，横杆长度大于 2m 时，必须加设栏杆柱。

2）栏杆柱的固定及其与横杆的连接，其整体构造应使防护栏杆在上杆任何处，都能经受任何方向 1000N 的外力。当栏杆所处位置有发生人群拥挤、车辆冲击或物件碰撞等可能时，应加大横杆截面或加密柱距。

施工用电梯平台口随层设置安全门或活动防护栏杆

图 3-79　施工用电梯平台口安全门设置

3）防护栏杆必须自上而下用安全立网封闭，或在栏杆下边设置严密固定的高度不低于 180mm 的挡脚板或 400mm 的挡脚笆。挡脚板与挡脚笆上如有孔眼，不应大于 25mm。板与笆下边距离地面的空隙不应大于 10mm。接料平台两侧的栏杆，必须自上而下加挂安全立网或满扎竹笆。

4）当临边的外侧面临街道时，除防护栏杆外，敞口立面必须采取满挂安全网或其他可靠措施作全封闭处理。如图 3-80 所示。

立杆间距不应大于2m

立面满挂密目安全网

上杆离地高度为1.0～1.2m

下杆离地高度为0.5～0.6m

栏杆下口设置180mm高挡脚板

图 3-80　防护栏杆搭设要求

（3）进行洞口作业以及在因工程和工序需要而产生的，使人与物有坠落危险或危及人身安全的其他洞口进行高处作业时，必须按下列规定设置防护设施：

1）板与墙的洞口，必须设置牢固的盖板、防护栏杆、安全网或其他防坠落的防护设施。如图 3-81 所示。

2）电梯井口必须设防护栏杆或固定栅门；电梯井内应每隔两层并最多隔 10m 设一道安全网。如图 3-82、图 3-83 所示。

3）钢管桩、钻孔桩等桩孔上口，杯形、条形基础上口，未填土的坑槽，以及人孔、天窗、地板门等处，均应按洞口防护设置稳固的盖件。

4）施工现场通道附近的各类洞口与坑槽等处，除设置防护设施与安全标志外，夜间还应设红灯警示。

（4）洞口根据具体情况采取设防护栏杆、加盖件、张挂安全网与装栅门等措施时，必须符合下列要求：

1）边长在1500mm以上的洞口，四周设防护栏杆，洞口下张挂安全平网。如图3-84所示。

图 3-81　孔洞设置盖板进行防护

图 3-82　电梯井口必须设防护
栏杆或固定栅门

图 3-83　电梯井道内安全网设置

短边长度超过1.5m的孔洞须搭设防护栏杆进行防护，并加警示标识

洞口内设置安全网防止坠落

图 3-84　孔洞设置防护栏杆进行防护

2）位于车辆行驶道旁的洞口、深沟与管道坑、槽，所加盖板应能承受不小于当地额定卡车后轮有效承载力2倍的荷载。

3）下边沿至楼板或地面低于800mm的窗台等竖向洞口，如侧边落差大于2m时，应加设1.2m高的临时护栏。如图3-85所示。

4）对邻近的人与物有坠落危险的其他竖向的孔、洞口，均应予以加盖或加以防护，

并有固定其位置的措施。

3.6.3　攀登与悬空作业的安全防护

（1）梯脚底部应坚实，不得垫高使用。梯子的上端应有固定措施。立梯不得有缺档。

（2）梯子如需接长使用，必须有可靠的连接措施，且接头不得超过1处。连接后梯梁的强度，不应低于单梯梯梁的强度。

（3）固定式直爬梯应采用金属材料制成。梯宽不应大于500mm，支撑应采用不小于L70×6的角钢，埋设与焊接均必须牢固。梯子顶端的踏棍应与攀登的顶面齐平，并加设1～1.5m高的扶手。如图3-86所示。

图3-85　矮窗口临边防护设置

梯子顶端的踏棍应与攀登的顶面齐平，并加设1～1.5m高的扶手

图3-86　固定式直爬梯

使用直爬梯进行攀登作业时，如攀登高度超过8m，则必须设置梯间平台。

（4）作业人员应从规定的通道上下，不得从阳台之间等非规定通道进行攀登，也不得任意利用吊车臂架等施工设备进行攀登。上下梯子时，必须面向梯子，且不得手持器物。

（5）悬空作业处应有牢靠的立足处，并必须视具体情况，配置防护栏网、栏杆或其他安全设施。

（6）构件吊装和管道安装时的悬空作业，必须遵守下列规定：

1）悬空安装大模板、吊装第一块预制构件、吊装单独的大中型预制构件时，必须站在操作平台上操作。吊装中的大模板和预制构件以及石棉水泥板等屋面板上，严禁站人和行走。

2）安装管道时必须有已完结构或操作平台作为立足点，严禁在安装中的管道上站立和行走。

（7）模板支撑和拆卸时的悬空作业，必须遵守下列规定：

1）支模应按规定的作业程序进行，模板未固定前不得进行下一道工序。严禁在连接件和支撑件上上下攀登，并严禁在上下同一垂直面上装、拆模板。结构复杂的模板，装、拆应严格按照施工组织设计的措施进行。

2）支设高度在3m以上的柱模板，四周应设斜撑，并应设立操作平台，如图3-87所

示。低于 3m 的可使用马凳操作。

模板顶设立操作平台，平台应按规范要求搭设1.2m高的防护栏杆

支设高度在3m以上的柱模板，四周设斜撑

图 3-87　柱模板斜撑设置

3）支设悬挑形式的模板时，应有稳固的立足点。支设临空构筑物的模板时，应搭设支架或脚手架。模板上有预留洞时，应在安装后将洞盖上。混凝土板上拆模后形成的临边或洞口，应进行防护。

拆模高处作业，应配置登高用具或搭设支架。

（8）钢筋绑扎时的悬空作业，必须遵守下列规定：

1）绑扎钢筋和安装钢筋骨架时，必须搭设脚手架和马道（见图 3-88）。

2）绑扎圈梁、挑梁、挑檐、外墙和边柱等钢筋时，应搭设操作台架和张挂安全网。

悬空大梁钢筋的绑扎，必须在满铺脚手板的支架或操作平台上操作。

（9）混凝土浇筑时的悬空作业，必须遵守下列规定：

1）浇筑离地 2m 以上的框架、过梁、雨篷和小平台时，应设操作平台（见图 3-89），不得直接站在模板或支撑件上操作。

图 3-88　绑扎钢筋时的悬空作业
必须搭设脚手架

图 3-89　混凝土浇筑时的悬空作业
应设操作平台

2）浇筑拱形结构时，应自两边拱脚对称地相向进行。浇筑储仓时，下口应先行封闭，并搭设脚手架以防人员坠落。

3）特殊情况下如无可靠的安全设施，必须系好安全带并扣好保险钩，并加设安全网。

（10）悬空进行门窗作业时，必须遵守下列规定：

1）安装门、窗，油漆及安装玻璃时，严禁操作人员站在樘子、阳台栏板上操作。门、窗临时固定，封填材料未达到强度以及电焊时，严禁手拉门、窗进行攀登。

2）在高处外墙安装门、窗，无外脚手架时，应张挂安全网。无安全网时，操作人员应系好安全带，其保险钩应挂在操作人员上方的可靠物件上。

3）进行各项窗口作业时，操作人员的重心应位于室内，不得在窗台上站立，必要时应系好安全带进行操作。

3.6.4　操作平台与交叉作业的安全防护

（1）移动式操作平台，必须符合下列规定：

1）装设轮子的移动式操作平台（见图 3-90），轮子与平台的接合处应牢固可靠，立柱底端离地面不得超过 80mm。

2）操作平台四周必须按临边作业要求设置防护栏杆，并应布置登高扶梯。

（2）悬挑式钢平台，必须符合下列规定：

1）悬挑式钢平台应按现行的相应规范进行设计，其结构构造应能防止左右晃动，计算书及图纸应编入施工组织设计。

图 3-90　移动式操作平台

2）悬挑式钢平台的搁置点与上部拉结点（见图 3-91），必须位于建筑物上，不得设置在脚手架等施工设备上。

图 3-91　悬挑式钢平台上部拉结点示意图

3）应设置 4 个经过验算的吊环（见图 3-92）。吊运平台时应使用卡环，不得使吊钩直接钩挂吊环。吊环应采用甲类 3 号沸腾钢制作。

4）悬挑式钢平台安装时，钢丝绳应采用专用的挂钩挂牢，采取其他方式时卡头的卡子不得少于 3 个。建筑物锐角利口围系钢丝绳处应加衬软垫物，钢平台外口应略高于内口。

5）悬挑式钢平台左右两侧必须装设固定的防护栏杆。

6）悬挑式钢平台吊装，需待横梁支撑点电焊固定（见图3-93），接好钢丝绳，调整完毕，经过检查验收，方可松卸起重吊钩，上下操作。

钢平台外口应略高于内口

悬挑式钢平台钢梁支撑点使用楼板预埋件及螺栓进行固定

图3-92 悬挑式钢平台应设置4个吊环　　　　图3-93 悬挑式钢平台钢梁支撑点固定

7）悬挑式钢平台使用时，应有专人进行检查，发现钢丝绳有锈蚀损坏应及时调换，焊缝脱焊应及时修复。

（3）操作平台上应显著地标明容许荷载值。操作平台上人员和物料的总质量，严禁超过设计的容许荷载。应配备专人加以监督。

（4）支模、粉刷、砌墙等各工种进行上下立体交叉作业时，不得在同一垂直方向上操作。下层作业的位置，必须处于依据上层高度确定的可能坠落范围半径之外。不符合以上条件时，应设置安全防护层。

（5）钢模板部件拆除后，临时堆放处离楼层边沿不应小于1m，堆放高度不得超过1m。楼层边口、通道口、脚手架边缘等处，严禁堆放任何拆下物件。

（6）由于上方施工可能坠落物件或处于起重机把杆回转范围之内的通道，在其受影响的范围内，必须搭设顶部能防止穿透的双层防护廊。

4 与防水施工有关的规范

4.1 地下工程防水技术规范

4.1.1 地下工程防水设计

（1）地下工程迎水面主体结构应采用防水混凝土，并根据防水等级的要求采用其他防水措施。见图 4-1、图 4-2。

迎水面采用防水混凝土，防水混凝土必须采用机械振捣密实，振捣时间宜为 10~30s，以混凝土开始泛浆和不冒气泡为准

防水油膏密封

室外地坪

防水油膏嵌缝

室内

主楼地下室外墙防水保护层采用聚苯板+120保护墙

图 4-1　地下工程防水做法　　　　图 4-2　防水保护墙

（2）地下工程不同防水等级的适用范围，应根据工程的重要性和使用中对防水的要求按表 4-1 选定。工程竣工验收前需要按标准要求对渗漏水问题进行处理。

不同防水等级的适用范围　　　　　　表 4-1

防水等级	适用范围
一级	人员长期停留的场所；因有少量湿渍会使物品变质、失效的贮物场所及严重影响设备正常运转和危及工程安全运营的部位；极重要的战备工程、地铁车站
二级	人员经常活动的场所；在有少量湿渍的情况下不会使物品变质、失效的贮物场所及基本不影响设备正常运转和工程安全运营的部位；重要的战备工程
三级	人员临时活动的场所；一般战备工程
四级	对渗漏水无严格要求的工程

4.1.2 地下工程混凝土结构主体防水

（1）防水混凝土结构底板的混凝土垫层，强度等级不应低于 C15，厚度不应小于 100mm，在软弱土层中不应小于 150mm。见图 4-3。

（2）防水混凝土结构，应符合下列规定：

1）结构厚度不应小于 250mm；

2）裂缝宽度不得大于 0.2mm，并不得贯通；

3）钢筋保护层厚度应根据结构的耐久性和工程环境选用，迎水面钢筋保护层厚度不应小于 50mm。

图 4-3　防水垫层示意图

图 4-4　防水混凝土底板施工

（3）防水混凝土施工前应做好降排水工作，不得在有积水的环境中浇筑混凝土。见图 4-4、图 4-5。

（4）防水混凝土采用预拌混凝土时，入泵坍落度宜控制在 120～160mm，坍落度每小时损失值不应大于 20mm，坍落度总损失值不应大于 40mm。预拌混凝土的初凝时间宜为 6～8h。见图 4-5。

（5）防水混凝土拌合物在运输后如出现离析，则必须进行二次搅拌。当坍落度损失后不能满足施工要求时，应加入原水胶比的水泥浆或掺加同品种的减水剂进行搅拌，严禁直接加水。防水混凝土拌合物应采用机械搅拌，搅拌时间不宜小于 2min。见图 4-6。

图 4-5　防水底板混凝土浇筑

图 4-6　混凝土搅拌运输

（6）防水混凝土应连续浇筑，宜少留施工缝。当留设施工缝时，应符合下列规定（见图 4-7）：

1）墙体水平施工缝不应留在剪力最大处或底板与侧墙的交接处，应留在高出底板表面不小于 300mm 的墙体上。拱（板）墙结合的水平施工缝，宜留在拱（板）墙接缝线以下 150～300mm 处。墙体有预留孔洞时，施工缝距孔洞边缘不应小于 300mm。

2）垂直施工缝应避开地下水和裂隙水较多的地段，并宜与变形缝相结合。

（7）大体积防水混凝土应采取保温保湿养护。混凝土中心温度与表面温度的差值不应大于 25℃，表面温度与大气温度的差值不应大于 20℃，温降梯度不得大于 3℃/d，养护时间不应少于 14d。见图 4-8。

墙体水平施工缝处理需在混凝土强度达到1.2MPa时，才可继续施工。在浇筑混凝土前，应清理垃圾、水泥残渣，对旧混凝土凿毛，用水清洗湿润。浇筑时水平施工缝宜先铺上10～15 mm厚的同强度等级水泥砂浆

图 4-7　施工缝留置

大体积防水混凝土温度控制有两种方法：一种是降温法，在混凝土施工前布冷水管，通过循环冷却水降温，从混凝土内部进行温度控制；另一种是保温法，混凝土浇筑成型后，通过保温材料、碘钨灯或定时浇热水、蓄存热水等方法，提高混凝土表面及四周散热面的温度，从结构物的外部进行温度控制

图 4-8　大体积防水混凝土养护

（8）水平施工缝浇灌混凝土前，应将其表面浮浆和杂物清除，先铺净浆或涂刷混凝土界面处理剂、水泥基渗透结晶型防水涂料，再铺 30～50mm 厚的 1：1 水泥砂浆，并及时浇灌混凝土；垂直施工缝浇灌混凝土前，应将其表面清理干净，并涂刷水泥基渗透结晶型防水涂料或混凝土界面处理剂，并及时浇灌混凝土。见图 4-9。

（9）基层处理剂喷涂或刷涂应均匀一致，不应露底，表面干燥后方可铺贴卷材。见图 4-10。

柱水平施工缝浇筑混凝土前，需将其表面凿毛，并清理浮浆和杂物，铺净浆一层

基层处理剂喷涂或刷涂前需要检查基层的含水率，可以用一块卷材或塑料布平放在屋面上，2h后翻开看若凝结有水珠或盖住的地方潮湿，则含水率达不到要求，反之就可以

图 4-9　水平施工缝处理　　　　　　　　图 4-10　基层处理

（10）铺贴双层卷材时，上下两层和相邻两幅卷材的接缝应错开 1/3～1/2 幅宽，且两层卷材不得相互垂直铺贴。见图 4-11。

（11）结构底板垫层混凝土部位的卷材可采用空铺法或点粘法施工，其粘结位置、点粘面积应按设计要求确定；侧墙采用外防外贴法的卷材及顶板部位的卷材应采用满粘法施工。

（12）混凝土结构完成，铺贴立面卷材时，应先将接槎部位的各层卷材揭开，并应将其表面清理干净，如卷材有局部损伤，应及时进行修补；卷材接槎的搭接长度，高聚物改

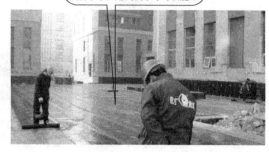

卷材防水材料铺贴前需要检查基层含水率，达到要求才可以施工

图 4-11　防水卷材施工

性沥青类卷材应为 150mm，合成高分子类卷材应为 100mm；当使用两层卷材时，卷材应错槎接缝，上层卷材应盖过下层卷材。见图 4-12。

（13）采用外防内贴法铺贴卷材防水层时，应符合下列规定：

1）混凝土结构的保护墙内表面应抹厚度为 20mm 的 1：3 水泥砂浆找平层，然后铺贴卷材。

2）卷材宜先铺立面，后铺平面；铺贴立面时，应先铺转角，后铺大面。

防水导墙墙体采用煤矸石页岩砖或灰砂砖、M5 水泥砂浆砌筑，防水导墙内皮距离结构外墙皮预留 50mm

图 4-12　卷材防水层甩槎、接槎构造示意图
(a) 甩槎；(b) 接槎

1—临时保护墙；2—永久保护墙；3—细石混凝土保护层；4—卷材防水层；
5—水泥砂浆找平层；6—混凝土垫层；7—卷材加强层；8—结构墙体；
9—卷材加强层；10—卷材防水层；11—卷材保护层

（14）卷材防水层经检查合格后，应及时做保护层，保护层应符合下列规定：

1）顶板卷材防水层上的细石混凝土保护层，应符合下列规定：

采用机械碾压回填土时，保护层厚度不宜小于 70mm；采用人工回填土时，保护层厚度不宜小于 50mm；防水层与保护层之间宜设置隔离层。

2）底板卷材防水层上的细石混凝土保护层厚度不应小于 50mm。

3）侧墙卷材防水层宜采用软质保护材料或铺抹 20mm 厚 1：2.5 水泥砂浆层。

（15）防水涂料应分层刷涂或喷涂，涂层应均匀，不得漏刷漏涂；接槎宽度不应小于 100mm。见图 4-13。

（16）铺设塑料防水板前应先铺缓冲层，缓冲层应采用暗钉圈固定在基面上。见图 4-14。

（17）铺设塑料防水板时，宜由拱顶向两侧展铺，并应边铺边用压焊机将塑料板与暗

防水涂料施工时需要根据厚度要求分层刷涂或喷涂，涂层厚度要均匀，不得漏刷漏涂；接槎宽度不应小于 100mm

图 4-13　防水涂料施工效果

钉圈焊接牢靠，不得有漏焊、假焊和焊穿现象。两幅塑料防水板的搭接宽度不应小于100mm。搭接缝应为热熔双焊缝，每条焊缝的有效宽度不应小于10mm。

（18）主体结构内侧设置金属防水层时，金属板应与结构内的钢筋焊牢，也可在金属防水层上焊接一定数量的锚固件。见图4-15。

图 4-14 暗钉圈固定缓冲层

1—初期支护；2—缓冲层；3—热塑性暗钉圈；

4—金属垫圈；5—射钉；6—塑料防水板

图 4-15 内侧金属板防水层

1—金属板；2—主体结构；3—防水砂浆；

4—垫层；5—锚固筋

（19）主体结构外侧设置金属防水层时，金属板应焊在混凝土结构的预埋件上。金属板经焊缝检查合格后，应将其与结构间的空隙用水泥砂浆灌实。见图4-16。

（20）膨润土防水材料应采用水泥钉和垫片固定。立面和斜面上的固定间距宜为400～500mm，平面上应在搭接缝处固定。膨润土防水材料应采用搭接法连接，搭接宽度应大于100mm。搭接部位的固定位置距搭接边缘的距离宜为25～30mm，搭接处应涂膨润土密封膏。平面搭接缝可干撒膨润土颗粒，用量宜为0.3～0.5kg/m。见图4-17。

图 4-16 外侧金属板防水层

1—防水砂浆；2—主体结构；3—金属板；

4—垫层；5—锚固筋

图 4-17 膨润土防水材料施工

4.1.3 地下工程混凝土结构细部构造防水

（1）变形缝处混凝土结构的厚度不应小于300mm。

（2）变形缝的几种复合防水构造形式，见图 4-18。

外贴式止水带 L≥300
外贴防水卷材 L≥400
外涂防水涂层 L≥400

1—混凝土结构；2—中埋式止水带；3—填缝材料；4—外贴止水带

1—混凝土结构；2—中埋式止水带；3—防水层；4—隔离层；
5—密封材料；6—填缝材料

1—混凝土结构；2—填缝材料；3—中埋式止水带；4—预埋钢板；
5—紧固件压板；6—预埋螺栓；7—螺母；8—垫圈；
9—紧固件压块；10—Ω型止水带；11—紧固件圆钢

图 4-18　变形缝防水构造

（3）后浇带应在其两侧混凝土龄期达到 42d 后再施工；高层建筑的后浇带施工应按规定时间进行。后浇带应采用补偿收缩混凝土浇筑，其抗渗和抗压强度等级不应低于两侧混凝土。后浇带混凝土应一次浇筑，不得留设施工缝；混凝土浇筑后应及时养护，养护时间不得少于 28d。后浇带应设在受力和变形较小的部位，其间距和位置应按结构设计要求确定，宽度宜为 700～1000mm。见图 4-19。

（4）后浇带两侧可做成平直缝或阶梯缝，其防水构造形式宜采用图 4-20 各种构造做法。

（5）后浇带需超前止水时，后浇带部位的混凝土应局部加厚，并应增设外贴式或中埋式止水带。见图 4-21。

（6）后浇带坑、池、储水库宜采用防水混凝土整体浇筑，内部应设防水层。受振动作用时应设柔性防水层。底板以下的坑、池，其局部底板应相应降低，并应使防水层保持连续。见图 4-22。

采用钢丝网模板的垂直施工缝，在混凝土浇筑和振捣过程中，严格控制分层浇筑，尤其在止水钢板处的浇筑需密实，且待混凝土沉实后方能进行上层混凝土的浇筑，防止钢板下混凝土存在空洞或不密实而影响到混凝土与钢板的粘结性能

图 4-19　后浇带施工

1—先浇混凝土；2—遇水膨胀止水条(胶)；3—结构主筋；4—后浇补偿收缩混凝土

后浇带两侧可做成平直缝或阶梯缝

1—先浇混凝土；2—结构主筋；3—外贴式止水带；4—后浇补偿收缩混凝土

后浇带混凝土强度等级比两侧混凝土强度等级高一级

1—先浇混凝土；2—遇水膨胀止水条(胶)；
3—结构主筋；4—后浇补偿收缩混凝土

图 4-20　后浇带防水构造

图 4-21 后浇带超前止水构造

1—混凝土结构；2—钢丝网片；3—后浇带；4—填缝材料；5—外贴式
止水带；6—细石混凝土保护层；7—卷材防水层；8—垫层混凝土

图 4-22 底板下坑、池的防水构造

1—底板；2—盖板；3—坑、池防水层；4—坑、池；5—主体结构防水层

4.2 地下防水工程质量验收规范

4.2.1 基本规定

地下防水工程是一个子分部工程，其分项工程的划分应符合表 4-2 的要求。

地下防水工程的分项工程   表 4-2

子分部工程		分 项 工 程
地下防水工程	主体结构防水	防水混凝土、水泥砂浆防水层、卷材防水层、涂料防水层、塑料防水板防水层、金属板防水层、膨润土防水材料防水层
	细部构造防水	施工缝、变形缝、后浇带、穿墙管、埋设件、预留通道接头、桩头、孔口、坑、池
	特殊施工法结构防水	锚喷支护、地下连续墙、盾构隧道、沉井、逆筑结构
	排水	渗排水、盲沟排水、隧道排水、坑底排水、塑料排水板排水
	注浆	预注浆、后注浆、结构裂缝注浆

4.2.2 主体结构防水工程

（1）混凝土在浇筑地点的坍落度，每工作班至少检查两次；泵送混凝土在交货地点的

入泵坍落度，每工作班至少检查两次。见图 4-23。

（2）防水混凝土抗压强度试件，应在混凝土浇筑地点随机取样后制作，并应符合下列规定（见图 4-24）：

1）同一工程、同一配合比的混凝土，取样频率和试件留置组数应符合现行国家标准《混凝土结构工程施工质量验收规范》GB 50204—2015 的有关规定。

2）抗压强度试验应符合现行国家标准《普通混凝土力学性能试验方法标准》GB/T 50081—2002 的有关规定。

商品混凝土到达现场后，每工作班至少检查两次混凝土坍落度，并邀请监理单位现场监督

图 4-23　混凝土坍落度检查

3）结构构件的混凝土强度评定应符合现行国家标准《混凝土强度检验评定标准》GB/T 50107—2010 的有关规定。

（3）防水混凝土抗渗性能应采用标准条件下养护的混凝土抗渗试件的试验结果评定，试件应在混凝土浇筑地点随机取样后制作，并应符合下列规定（见图 4-24）：

1）连续浇筑混凝土每 500m³ 应留置一组（6 个）抗渗试件，且每项工程不得少于 2 组；采用预拌混凝土的抗渗试件，留置组数应视结构的规模和要求而定。

2）抗渗性能试验应符合现行国家标准《普通混凝土长期性能和耐久性能试验方法标准》GB/T 50082—2009 的有关规定。

（4）大体积防水混凝土的施工应采取材料选择、温度控制、保温保湿等技术措施。在设计许可的情况下，掺粉煤灰混凝土设计强度的龄期宜为 60d 或 90d。见图 4-25。

在施工现场应该按标准设置实验室及养护室，若没有条件设置，试块需要送至检测中心代理养护

图 4-24　混凝土试块留置

掺粉煤灰混凝土设计强度的龄期宜为60d或90d，在未达到龄期期间需要严格养护

图 4-25　大体积防水混凝土浇筑

（5）防水混凝土分项工程检验批的抽样检验数量，应按混凝土外露面积每 100m² 抽查 1 处，每处 10m²，且不得少于 3 处。见图 4-26。

（6）防水混凝土结构表面的裂缝宽度不应大于 0.2mm，且不得贯通；防水混凝土结构厚度不应小于 250mm，其允许偏差应为 +8mm、−5mm；主体结构迎水面钢筋保护层厚度不应小于 50mm，其允许偏差为 ±5mm。见图 4-27。

主体结构工程验收时需要对混凝土的成型效果进行验收，在验收前需要对混凝土质量缺陷进行处理

图 4-26　防水混凝土抽样检验

防水混凝土出现裂缝后，需要先对裂缝现状及成因进行分析，然后根据裂缝产生的原因采取相应的处理措施

图 4-27　防水混凝土结构

（7）水泥砂浆防水层分项工程检验批的抽样检验数量，应按施工面积每 100m² 抽查 1 处，每处 10m²，且不得少于 3 处。见图 4-28。

（8）基层阴阳角应做成圆弧或 45°坡角，其尺寸应根据卷材品种确定；在转角处、变形缝、施工缝、穿墙管等部位应铺贴卷材加强层，加强层宽度不应小于 500mm。见图 4-29。

施工缝是水泥砂浆防水层的薄弱部位，由于施工缝接槎不严密及位置留设不当等原因，导致防水层渗漏水。因此水泥砂浆防水层各层应紧密结合，每层宜连续施工；如必须留槎时，需用阶梯坡形槎，但离开阴阳角处不得小于200mm，接槎要依层次顺序操作，层层搭接紧密

图 4-28　水泥砂浆防水层

铺贴卷材应先铺底面，后铺立面，交接处应交叉搭接

图 4-29　防水卷材施工

（9）立面施工时，在自粘边位置距离卷材边缘 10～20mm 内，每隔 400～600mm 应进行机械固定，并应保证固定位置被卷材完全覆盖。见图 4-30。

卷材宜先铺立面，后铺平面。铺贴立面时，应先铺转角，后铺大面

图 4-30　卷材机械固定

（10）立面涂料防水层的施工应符合下列规定（见图 4-31）：

1）涂料应分层涂刷或喷涂，涂层应均匀，涂刷应待前一遍涂层干燥成膜后进行；每遍涂刷时应交替改变涂层的涂刷方向，同层涂膜的先后搭压宽度宜为 30～50mm；

2）涂料防水层的甩槎处接缝宽度不应小于 100mm，接涂前应将其甩槎表面处理干净；

3）采用有机防水涂料时，基层阴阳角处应做成圆弧；在转角处、变形缝、施工缝、穿墙管等部位应增加胎体增强材料和增涂防水涂料，宽度不应小于 50mm；

4）胎体增强材料的搭接宽度不应小于 100mm，上下两层和相邻两幅胎体的接缝应错开 1/3 幅宽，上下层胎体不得相互垂直铺贴。

（11）涂料防水层分项工程检验批的抽检数量，应按铺贴面积每 $100m^2$ 抽查 1 处，每处 $10m^2$，且不得少于 3 处。见图 4-32。

在涂膜防水层上应设置保护层，以避免阳光直射，防止防水膜过早老化；同时还可以提高涂膜防水层的耐穿刺、耐外力损伤的能力，从而提高涂膜防水层的耐用年限

基层是防水层赖以存在的基础，与卷材防水层相比，涂膜防水对基层的要求更为严格

图 4-31　立面涂料防水层施工

应按铺贴面积每 $100m^2$ 抽查 1 处，每处 $10m^2$，且不得少于 3 处

防水层的最小厚度不得低于设计厚度的 90%

图 4-32　涂料防水层

（12）涂料防水层的平均厚度应符合设计要求，最小厚度不得低于设计厚度的 90%。见图 4-32。

（13）金属板防水层分项工程检验批的抽样检验数量，应按铺设面积每 $10m^2$ 抽查 1 处，每处 $1m^2$，且不得少于 3 处。焊缝表面缺陷检验应按焊缝的条数抽查 5%，且不得少于 1 条焊缝；每条焊缝检查 1 处，总抽查数不得少于 10 处。见图 4-33。

（14）膨润土防水材料应采用水泥钉和垫片固定；立面和斜面上的固定间距宜为 400mm～500mm，平面上应在搭接缝处固定。见图 4-34。

（15）膨润土防水材料的搭接宽度应大于 100mm；搭接部位的固定间距宜为 200～300mm，固定点与搭接边缘的距离宜为 25～30mm，搭接处应涂抹膨润土密封膏。平面搭接缝处可干撒膨润土颗粒，其用量宜为 0.3～0.5kg/m。见图 4-34。

金属板切割采用机械切割（剪板机）或气割，切割后应清除金属板切割边的毛刺，或用角磨机将气割边修磨平整

图 4-33　金属板防水层

基层要求：基层孔洞处用砂浆填实，有较大凹凸不平的，用砂浆进行处理。用钉子和垫圈将膨润土防水材料固定在外墙壁上，钉子的长度要在27mm以上，垫圈的直径要在10mm以上

图 4-34　膨润土防水材料施工

防水毯的搭接长度不应小于150mm，并以30cm为间隔用钉子和垫圈将其固定，为了加强搭接部位，可以抹密封剂

图 4-35　膨润土防水材料

（16）转角处和变形缝、施工缝、后浇带等部位均应设置宽度不小于 500mm 的加强层，加强层应设置在防水层与结构外表面之间。穿墙管件宜采用膨润土橡胶止水条、膨润土密封膏进行加强处理。见图 4-34。

（17）膨润土防水材料防水层分项工程检验批的抽检数量，应按铺贴面积每 100m² 抽查 1 处，每处 10m²，且不得少于 3 处。见图 4-35。

4.2.3　细部构造防水工程

（1）中埋式止水带埋设位置应准确，其中间空心圆环与变形缝的中心线应重合。见图 4-36。

密封料　填缝板　止水带

中埋式止水带埋设位置应按图集构造要求，两侧的钢筋需要按图集要求进行弯折

图 4-36　中埋式止水带示意图

（2）采用掺膨胀剂的补偿收缩混凝土，其抗压强度、抗渗性能和限制膨胀率必须符合设计要求。

桩头应先剔凿到水泥原基面，基面保持平整，将面层用吹风机清理干净后用水湿润但不得有明水，不得抹灰，方可施工；桩头混凝土基面必须洁净，适当粗糙，以利渗透

图 4-37　桩头防水处理做法

（3）桩头顶面和侧面裸露处应涂刷水泥基渗透结晶型防水涂料，并延伸至结构底板垫层 150mm 处；桩头周围 300mm 范围内应抹聚合物水泥防水砂浆过渡层。见图 4-37。

图 4-38 坑、池底板

（4）坑、池底板的混凝土厚度不应小于 250mm；当底板混凝土厚度小于 250mm 时，应采取局部加厚措施，并应使防水层保持连续。见图 4-38。

4.3 地下室防水施工技术规程

图 4-39 防水设防高度

图 4-40 聚氨酯防水涂料施工

图 4-41 地下室立墙防水做法

4.3.1 基本规定

（1）附建式的全地下或半地下室的防水设防高度应高出室外地坪高程 500mm 以上，见图 4-39。

（2）选用单组分聚氨酯防水涂料作为一道防水层，复合使用时涂膜厚度应不小于 1.5mm，单独使用时涂膜厚度应不小于 2.0mm。见图 4-40。

（3）地下室立墙外防外贴防水层宜选用聚苯板等软保护层；外防内贴防水层的保护层宜采用 20mm 厚水泥砂浆抹面，或用聚乙烯片材、纤维板等。见图 4-41。

4.3.2 地下室防水细部构造

（1）一般钢筋混凝土底板、外墙防水外防外贴做法，见图 4-42。

图 4-42 外防外贴防水做法

（2）地下室底板、外墙防水外防内贴做法，见图 4-43。

图 4-43 外防内贴防水做法

（3）悬挑底板钢筋混凝土外墙防水做法，见图 4-44。

（4）桩头防水做法，见图 4-45。

图 4-44　悬挑底板钢筋混凝土外墙防水做法

4.3.3　施工工艺

（1）固定模板用螺栓的防水做法，见图 4-45、图 4-46。

（2）防水混凝土应连续浇筑，宜不留或少留施工缝。当必须留设施工缝时，应符合下列规定：

1）施工缝留设的位置

① 水平施工缝不应留设在剪力或弯矩最大处或底板与侧墙的交接处，应留设在高出底板表面不小于 300mm 的墙体上。拱（板）墙结合的水平施工缝，宜留设在拱（板）墙接缝以下 150～300mm 处。墙体有预留孔洞时，施工缝距孔洞边缘不应小于 300mm。

图 4-45　桩头防水做法

图 4-46　固定模板用螺栓的防水做法

1—模板；2—结构混凝土；3—止水环；4—工具式螺栓；

5—固定模板用螺栓；6—嵌缝材料；7—聚合物水泥砂浆

② 垂直施工缝应避开地下水和裂隙水较多的地段，并宜与变形缝相结合。

2）施工缝防水的构造形式

施工缝应为平缝，采用多道防水措施，其构造形式见图 4-47。

图 4-47　4 种施工缝防水构造形式

（a）形式 1；（b）形式 2；（c）形式 3；（d）形式 4

（3）施工缝新旧混凝土接缝处理

1）水平施工缝浇筑混凝土前，应清除表面浮浆和杂物，先铺一道净浆，再铺设 30～50mm 厚的 1：1 水泥砂浆或涂刷界面处理剂或涂刷水泥基渗透结晶型防水涂料等，并及时浇筑混凝土；

2）垂直施工缝浇筑混凝土前，应将其表面清理干净，涂刷一道水泥净浆或混凝土界面处理剂或水泥基渗透结晶型防水涂料，并及时浇筑混凝土；见图 4-48。

图 4-48　施工缝处理

4.4　建筑室内防水工程技术规程

4.4.1　防水工程设计

（1）厕浴间、厨房的墙体，宜设置高出楼地面150mm以上的现浇混凝土泛水，见图4-49。

（2）厕浴间、厨房四周墙根防水层泛水高度不应小于250mm，其他墙面防水以可能溅到水的范围为基准向外延伸不应小于250mm。浴室花洒喷淋的临墙面防水高度不得低于2m，见图4-50。

厕浴间、厨房的150mm高的混凝土反坎，需要和楼板混凝土一次性浇筑，严禁留置施工缝

图 4-49　施工缝处理

厕浴间、厨房防水层完工后，应做24h蓄水试验，蓄水高度在最高处为20～30mm，从室内观察无渗漏时再做保护层或饰面层

图 4-50　厕浴间墙面防水高度示意图

1—浴缸；2—洗手池；3—蹲便器；4—嘴淋头；5—浴帘；6—地漏；7—现浇混凝土接板；
8—防水层；9—地面饰面层；10—混凝土泛水；11—墙面饰面层

（3）穿过楼板的套管，在管体的粘结高度不应小于20mm，平面宽度不应小于150mm。用于热水管道防水处理的防水材料和辅料，应具有相应耐热性能，见图4-51。

穿过楼板的套管防水施工完成后，需要进行局部蓄水，以检验防水效果

图 4-51　穿楼板管道防水做法

1—结构楼板；2—找平找坡层；3—防水套管；4—穿楼板管道；5—阻燃密实材料；6—止水环；
7—附加防水层；8—高分子密封材料；9—背衬材料；10—防水层；11—地面砖及结合层

（4）地漏与地面混凝土间应留置凹槽，用合成高分子密封胶进行密封防水处理。地漏四周应设置加强防水层，加强防水层宽度不应小于150mm。加强防水层在地漏收头处，应用合成高分子密封胶进行密封防水处理，见图4-52。

图 4-52　室内地漏防水构造

1—地漏盖板；2—密封材料；3—附加层；4—防水层；5—地面砖及结合层；
6—水泥砂浆找平层；7—地漏；8—混凝土楼板

4.4.2　防水工程施工

（1）二次埋置的套管，其周围混凝土强度等级应比原混凝土提高一级（0.2MPa），并应掺膨胀剂；二次浇筑的混凝土结合面应清理干净后进行界面处理，混凝土应浇捣密实；加强防水层应覆盖施工缝，并超出其边缘不小于150mm。

（2）防水混凝土拌合物出现离析现象时，必须进行二次搅拌后使用。当坍落度损失后不能满足施工要求时，应加入原水胶比的水泥浆或二次掺加减水剂进行搅拌，严禁直接加水。

图 4-53　聚合物水泥防水砂浆养护

图 4-54　卫生间蓄水试验

（3）聚合物水泥防水砂浆未达到硬化状态时，不得浇水养护或直接受水冲刷，硬化后应采用干湿交替的养护方法。潮湿环境中可在自然条件下养护。见图 4-53。

4.4.3 建筑室内防水工程验收

（1）地面和水池、泳池的蓄水试验应达到 24h 以上，墙面间歇淋水应达到 30min 以上进行检验。见图 4-54。

（2）防水混凝土结构厚度应符合设计要求，其允许偏差为 +15mm、−10mm；迎水面钢筋保护层厚度不应小于 50mm，其允许偏差为 ±10mm。见图 4-55。

图 4-55　防水混凝土结构厚度偏差要求

4.5　建筑外墙防水工程技术规程

（1）门窗框与墙体间的缝隙宜采用聚合物水泥防水砂浆或发泡聚氨酯填充；外墙防水层应延伸至门窗框，防水层与门窗框间应预留凹槽，并应嵌填密封材料；门窗上楣的外口应做滴水线；外窗台应设置不小于 5% 的外排水坡度。见图 4-56。

(a)　　　　　　　　　　　　(b)

图 4-56　门窗框防水构造

1—窗框；2—密封材料；3—聚合物水泥防水砂浆或发泡聚氨酯；4—滴水线；5—外墙防水层

（2）雨篷防水层应沿外口下翻至滴水线。见图 4-57。

（3）阳台的水落口周边应留槽嵌填密封材料。阳台外口下沿应做滴水线。见图4-58。

图4-57　雨篷防水构造

1—外墙保温层；2—防水层；

3—滴水线

图4-58　阳台防水构造

1—密封材料；2—滴水线；

3—防水层

（4）变形缝部位应增设合成高分子防水卷材附加层，附加层施工要求见图4-59。

图4-59　变形缝防水构造

1—密封材料；2—锚栓；3—衬垫材料；4—合成高分子防水卷材

（两端粘结）；5—不锈钢板；6—压条

（5）穿过外墙的管道宜采用套管，套管周边应作防水密封处理。见图4-60。

图4-60　伸出外墙管道防水构造

1—伸出外墙管道；2—套管；3—密封材料；4—聚合物水泥防水砂浆；5—细石混凝土

（6）女儿墙压顶宜采用现浇钢筋混凝土或金属压顶，当采用现浇钢筋混凝土压顶时，外墙防水层应延伸至压顶内侧的滴水线部位，当采用金属压顶时，外墙防水层应做到压顶的顶部，金属压顶应采用专用金属配件固定。见图 4-61。

图 4-61　压顶女儿墙防水构造

（a）现浇钢筋混凝土压顶；（b）金属压顶

1—现浇钢筋混凝土压顶；2—防水层；3—金属压顶；4—金属配件

4.6　屋面工程技术规范

4.6.1　屋面工程设计

（1）屋面防水工程应根据建筑物的类别、重要程度、使用功能要求确定防水等级，并应按相应等级进行防水设防；对防水有特殊要求的建筑屋面，应进行专项防水设计。屋面防水等级和设防要求应符合表 4-3 的规定。

屋面防水等级和设防要求　　　　　　　　　　　表 4-3

防水等级	建筑类别	设防要求
Ⅰ级	重要建筑和高层建筑	两道防水设防
Ⅱ级	一般建筑	一道防水设防

（2）高层建筑屋面宜采用内排水；多层建筑屋面宜采用有组织外排水；低层建筑及檐高小于 10m 的屋面，可采用无组织排水。多跨及汇水面积较大的屋面宜采用大沟排水，大沟找坡较长时，宜采用中间内排水和两端外排水。见图 4-62。

（3）高跨屋面为无组织排水时，其低跨屋面受水冲刷的部位应加铺一层卷材，并应设 40～50mm 厚、300～500mm 宽的 C20 细石混凝土保护层；高跨屋面为有组织排水时，水落管下应加设水簸箕。

图 4-62　屋面排水要求

（4）檐沟、天沟的过水断面，应根据屋面汇水面积的雨水流量经计算确定。见图 4-63。

（5）混凝土结构层宜采用结构找坡，坡度不应小于 3%；当采用材料找坡时，宜采用质量轻、吸水率低和有一定强度的材料，坡度宜为 2%。见图 4-64。

图 4-63　檐沟、天沟排水要求

图 4-64　屋面排水坡度要求

（6）保温层上的找平层应留设分格缝，缝宽宜为 5～20mm，纵横缝的间距不宜大于 6m。见图 4-65。

（7）种植隔热层的屋面坡度大于 20% 时，其排水层、种植土应采取防滑措施。

（8）当采用混凝土板架空隔热层时，架空隔热层的高度宜为 180～300mm，架空板与女儿墙的距离不应小于 250mm。见图 4-66。

图 4-65　屋面保温层分格缝

图 4-66　架空屋面坡度要求

（9）蓄水隔热层的蓄水池应采用强度等级不低于 C25、抗渗等级不低于 P6 的现浇混凝土，蓄水池内宜采用 20mm 厚防水砂浆抹面；蓄水隔热层的排水坡度不宜大于 0.5%；蓄水池的蓄水深度宜为 150～200mm。

（10）采用块体材料作保护层时，宜设分格缝，其纵横间距不宜大于 10m，分格缝宽度宜为 20mm，并应用密封材料嵌填。

（11）采用水泥砂浆作保护层时，表面应抹平压光，并应设表面分格缝，分格面积宜为 1m²。

（12）采用细石混凝土作保护层时，表面应抹平压光，并应设分格缝，其纵横间距不应大于 6m，分格缝宽度宜为 10～20mm，并应用密封材料嵌填。

（13）压型金属板采用咬口锁边连接时，屋面的排水坡度不宜小于 5％；压型金属板采用紧固件连接时，屋面的排水坡度不宜小于 10％。见图 4-67。

（14）金属檐沟、天沟的伸缩缝间距不宜大于 30m；内檐沟及内天沟应设置溢流口或溢流系统，沟内宜按 0.5％找坡。

（15）采光带设置宜高出金属板屋面 250mm。采光带的四周与金属板屋面的交接处，均应做泛水处理。见图 4-68。

图 4-67　金属板屋面坡度要求

图 4-68　金属屋面采光带

（16）玻璃采光顶应采用支承结构找坡。见图 4-69。

（17）檐口、檐沟外侧下端及女儿墙压顶内侧下端等部位均应设置滴水槽。见图 4-70。

图 4-69　玻璃采光顶坡度要求

图 4-70　女儿墙压顶滴水槽

（18）卷材防水屋面檐口 800mm 范围内的卷材应满粘，卷材收头应采用金属压条钉压，并应用密封材料封严。见图 4-71。

（19）涂膜防水屋面檐口的涂膜收头，应用防水涂料多遍涂刷。檐口下端应做鹰嘴和滴水槽。见图 4-72。

（20）烧结瓦、混凝土瓦屋面的瓦头挑出檐口的长度宜为 50～70mm。见图 4-73。

图 4-71　卷材防水屋面檐口

1—密封材料；2—卷材防水层；3—鹰嘴；4—滴水槽；
5—保温层；6—金属压条；7—水泥钉

图 4-72　涂膜防水屋面檐口

1—涂料多遍涂刷；2—涂膜防水层；3—鹰嘴；
4—滴水槽；5—保温层

图 4-73　烧结瓦、混凝土瓦屋面檐口

(a) 保温上置；(b) 保温在下

1—结构层；2—保温层；3—防水层或防水垫层；4—持钉层；
5—顺水条；6—挂瓦条；7—烧结瓦或混凝土瓦；8—泄水管

(21) 沥青瓦屋面的瓦头挑出檐口的长度宜为 10～20mm；金属滴水板应固定在基层上，伸入沥青瓦下宽度不应小于 80mm，向下延伸长度不应小于 60mm。见图 4-74。

图 4-74　沥青瓦屋面檐口

1—结构层；2—保温层；3—持钉层；4—防水层或防水垫层；5—沥青瓦；6—起始层沥青瓦；7—金属滴水板

（22）屋面板与墙板交接处应设置金属封檐板和压条。见图 4-75。

图 4-75　金属板屋面檐口

1—金属板；2—通长密封条；3—金属压条；4—金属封檐板

（23）卷材或涂膜防水屋面檐沟和天沟的防水构造（见图 4-76），应符合下列规定：

1）檐沟和天沟的防水层下应增设附加层，附加层伸入屋面的宽度不应小于 250mm；

2）檐沟防水层和附加层应由沟底翻上至外侧顶部，卷材收头应用金属压条钉压，并应用密封材料封严，涂膜收头应用防水涂料多遍涂刷；

3）檐沟外侧下端应做鹰嘴或滴水槽；

4）檐沟外侧高于屋面结构板时，应设置溢水口。

（24）烧结瓦、混凝土瓦屋面檐沟和天沟的防水构造（见图 4-77），应符合下列规定：

图 4-76　卷材、涂膜防水屋面檐沟

1—防水层；2—附加层；3—密封材料；

4—水泥钉；5—金属压条；6—保护层

图 4-77　烧结瓦、混凝土瓦屋面檐沟

1—烧结瓦或混凝土瓦；2—防水层或防水垫层；

3—附加层；4—水泥钉；5—金属压条；6—密封材料

1）檐沟和天沟防水层下应增设附加层，附加层伸入屋面的宽度不应小于 500mm；

2）檐沟和天沟防水层伸入瓦内的宽度不应小于 150mm，并应与屋面防水层或防水垫层顺流水方向搭接；

3）檐沟防水层和附加层应由沟底翻上至外侧顶部，卷材收头应用金属压条钉压，并应用密封材料封严；涂膜收头应用防水涂料多遍涂刷；

4）烧结瓦、混凝土瓦伸入檐沟、天沟内的长度，宜为 50～70mm。

（25）沥青瓦屋面檐沟和天沟的防水构造（见图 4-78），应符合下列规定：

1）檐沟防水层下应增设附加层，附加层伸入屋面的宽度不应小于 500mm；

天沟、檐沟应增铺附加层。当采用沥青防水卷材时应增铺一层卷材；当采用高聚物改性沥青防水卷材或合成高分子防水卷材时宜采用防水涂膜增强层

图 4-78　沥青瓦屋面天沟

1—沥青瓦；2—附加层；3—防水层或防水垫层；4—保温层

2）檐沟防水层伸入瓦内的宽度不应小于 150mm，并应与屋面防水层或防水垫层顺流水方向搭接；

3）檐沟防水层和附加层应由沟底翻上至外侧顶部，卷材收头应用金属压条钉压，并应用密封材料封严；涂膜收头应用防水涂料多遍涂刷；

4）沥青瓦伸入檐沟内的长度宜为 10～20mm；

5）天沟采用搭接式或编织式铺设时，沥青瓦下应增设不小于 100mm 宽的附加层。

（26）女儿墙的防水构造应符合下列规定（见图 4-79、图 4-80）：

1）女儿墙压顶可采用混凝土或金属制品。压顶向内排水坡度不应小于 5%，压顶内侧下端应作滴水处理；

2）女儿墙泛水处的防水层下应增设附加层，附加层在平面和立面的宽度均不应小于 250mm；

3）低女儿墙泛水处的防水层可直接铺贴或涂刷至压顶下，卷材收头应用金属压条钉压固定，并应用密封材料封严；涂膜收条应用防水涂料多遍涂刷；

女儿墙防水施工前，需要将女儿墙角部做成圆角，然后做防水附加层

图 4-79　低女儿墙

1—防水层；2—附加层；3—密封材料；

4—金属压条；5—水泥钉；6—压顶

混凝土墙上的卷材收头应采用金属压条钉压，并用密封材料封严

图 4-80　高女儿墙

1—防水层；2—附加层；3—密封材料；4—金属盖板；

5—保护层；6—金属压条；7—水泥钉

4）高女儿墙泛水处的防水层泛水高度不应小于 250mm，防水层收头应符合下列规定：泛水上部的墙体应作防水处理；

5）女儿墙泛水处的防护层表面，宜采用涂刷浅色涂料或浇筑细石混凝土保护。

(27) 重力式排水的水落口防水构造应符合下列规定（见图 4-81、图 4-82）：

1）水落口可采用塑料或金属制品，水落口的金属配件均应作防锈处理；

2）水落口杯应牢固地固定在承重结构上，其埋设标高应根据附加层的厚度及排水坡度加大的尺寸确定；

3）水落口周围直径 500mm 范围内坡度不应小于 5%，防水层下应增设涂膜附加层；

4）防水层和附加层伸入水落口杯内不应小于 50mm，并应粘结牢固。

图 4-81　直式水落口

1—防水层；2—附加层；3—水落斗

图 4-82　横式水落口

1—水落斗；2—防水层；3—附加层；

4—密封材料；5—水泥钉

图 4-83　等高变形缝

1—卷材封盖；2—混凝土盖板；3—衬垫材料；

4—附加层；5—不燃保温材料；6—防水层

图 4-84　高低跨变形缝

1—卷材封盖；2—不燃保温材料；3—金属盖板；4—附加层；5—防水层

（28）变形缝防水构造应符合下列规定（见图4-83、图4-84）：

卷材收头应用金属箍紧固和密封材料封严，涂膜收头应用防水涂料多遍涂刷

图4-85　伸出屋面管道
1—细石混凝土；2—卷材防水层；3—附加层；
4—密封材料；5—金属箍

1）变形缝泛水处的防水层下应增设附加层，附加层在平面和立面的宽度不应小于250mm；防水层应铺贴或涂刷至泛水墙的顶部；

2）等高变形缝顶部宜加盖混凝土或金属盖板；

3）高低跨变形缝在立墙泛水处，应采用有足够变形能力的材料和构造作密封处理。

（29）伸出屋面管道的防水构造应符合下列规定（见图4-85）：

1）管道周围的找平层应抹出高度不小于30mm的排水坡；

2）管道泛水处的防水层下应增设附加层，附加层在平面和立面的宽度均不应小于250mm；

3）管道泛水处的防水层泛水高度不应小于250mm。

4.6.2　屋面工程施工

（1）屋面工程施工必须符合下列安全规定：

1）严禁在雨天、雪天和五级风及其以上时施工；

2）屋面周边和预留孔洞部位，必须按临边、洞口防护规定设置安全护栏和安全网；

3）屋面坡度大于30％时，应采取防滑措施；

4）施工人员应穿防滑鞋，特殊情况下无可靠安全措施时，操作人员必须系好安全带并扣好保险钩。

（2）找坡应按屋面排水方向和设计坡度要求进行，找坡层最薄处厚度不宜小于20mm。见图4-86。

在找坡层铺设之前，再次用扫帚将保温层表面清扫干净，用喷壶洒清水一遍

图4-86　屋面找坡层

（3）找平层应在水泥初凝前压实抹平，水泥终凝前完成收水后应二次压光，并应及时取出分格条。养护时间不得少于7d。找坡层和找平层的施工环境温度不宜低于5℃。见图4-87。

（4）屋面周边隔气层应沿墙面向上连续铺设，高出保温层上表面不得小于150mm。

（5）采用卷材作隔气层时，卷材宜空铺，卷材搭接缝应满粘，其搭接宽度不应小于80mm；采用涂膜作隔气层时，涂料涂刷应均匀，涂层不得有堆积、起泡和露底现象。

（6）泡沫混凝土应分层浇筑，一次浇筑厚度不宜超过200mm，终凝后应进行保湿养

护，养护时间不得少于 7d。见图 4-88。

找平层应粘结牢固，没有松动、起壳、起砂等现象。水泥砂浆找平层施工后应加强养护，避免早期脱水；控制加水量，掌握抹压时间，成品不能过早上人

按照泡沫混凝土层的设计厚度、设计坡度，用水泥砂浆贴点标高（贴灰饼），再拉线、冲筋。若设计无规定坡度值，坡度值宜为2%

图 4-87　屋面找平层　　　　　图 4-88　屋面泡沫混凝土施工

（7）蓄水池的防水混凝土完工后，应及时进行养护，养护时间不得少于 14d；蓄水后不得断水。

（8）熔化热熔型改性沥青胶结料时，宜采用专用导热油炉加热，加热温度不应高于 200℃，使用温度不宜低于 180℃；粘贴卷材的热熔型改性沥青胶结料厚度宜为 1.0～1.5mm。

（9）硅酮结构密封胶应嵌填饱满，并应在温度 15～30℃、相对湿度 50％以上、洁净的室内进行，不得在现场嵌填。

4.7　屋面工程质量验收规范

4.7.1　基本规定

（1）屋面工程所用的防水、保温材料应有产品合格证书和性能检测报告，材料的品种、规格、性能等必须符合国家现行产品标准和设计要求。产品质量应由经过省级以上建设行政主管部门对其资质认可和质量技术监督部门对其计量认证的质量检测单位进行检测。见图 4-89。

保温材料不仅需要满足设计和各种规范要求，在部分地区还要求生产厂家进行节能备案

上人屋面需要进行深化设计，地砖排布、排气孔设置、分格缝设置等都需要合理深化

图 4-89　防水、保温材料　　　　　图 4-90　屋面找坡要求

（2）屋面防水工程完工后，应进行观感质量检查和雨后观察或淋水、蓄水试验，不得有渗漏和积水现象。

4.7.2　基层与保护工程

（1）屋面找坡应满足设计排水坡度要求，结构找坡不应小于3%，材料找坡宜为2%；檐沟、天沟纵向找坡不应小于1%，沟底水落差不得超过200mm。见图4-90。

（2）基层与保护工程各分项工程每个检验批的抽检数量，应按屋面面积每100m^{2}抽查1处，每处应为10m^2，且不得少于3处。

（3）找平层分格缝纵横间距不宜大于6m，分格缝的宽度宜为5～20mm。见图4-91。

4.7.3　保温与隔热工程

（1）保温材料的导热系数、表观密度或干密度、抗压强度或压缩强度、燃烧性能，必须符合设计要求。见图4-92。

对需要铺设排气管道的屋面，排气管道设置在保温层中，在穿过保温层的管道上打排气孔，排气孔呈梅花状分布

图4-91　找平层分格缝

保温材料进场后，需要在施工前对保温材料进行复试，复试合格后方能使用

图4-92　保温材料要求

（2）保温与隔热工程各分项工程每个检验批的抽检数量，应按屋面面积每100m^{2}抽查1处，每处应为10m^2，且不得少于3处。

（3）种植隔热层的屋面坡度大于20%时，其排水层、种植土层应采取防滑措施。见图4-93。

种植屋面应有1～3%的坡度，以便多余水的排出；泄水孔前放置过水砂卵石：在每个泄水孔处先设置钢丝网片，泄水孔的四周堆放过水的砂卵石，砂卵石应完全覆盖泄水孔，以免种植介质流失或堵塞泄水孔

图4-93　种植屋面坡度要求

坡屋面防水卷材施工前，需要对基层进行处理，检验基层含水率

图4-94　斜屋面防水施工

（4）架空隔热层的高度应按屋面宽度或坡度大小确定。设计无要求时，架空隔热层的高度宜为 180mm～300mm。

（5）防水混凝土表面的裂缝宽度不应大于 0.2mm，并不得贯通。

4.7.4 防水与密封工程

（1）防水与密封工程各分项工程每个检验批的抽检数量，防水层应按屋面面积每 100m^2 抽查 1 处，每处应为 10m^2，且不得少于 3 处；接缝密封防水应按每 50m 抽查 1 处，每处应为 5m，且不得少于 3 处。

（2）屋面坡度大于 25％时，卷材应采取满粘和钉压固定措施。见图 4-94。

5　与装修施工有关的规范

5.1　建筑工程施工质量验收统一标准

5.1.1　建筑工程施工质量控制应符合的规定

（1）建筑工程采用的主要材料、半成品、成品、建筑构配件、器具和设备应进行现场检验。如图 5-1 所示。

凡涉及安全、节能、环境保护和主要使用功能的重要材料、产品，应按各专业工程施工规范、验收规范和设计文件等规定进行复验，并应经监理工程师检查认可。如图 5-2 所示。

图 5-1　建筑材料地板砖

图 5-2　墙面质量检查（一）

（2）各施工工序应按施工技术标准进行质量控制，每道施工工序完成后，经施工单位自检符合规定后，才能进行下道工序施工。各专业工种之间的相关工序应进行交接检验，并应记录。

（3）对于监理单位提出检查要求的重要工序，应经监理工程师检查认可，才能进行下道工序施工。

说明：监理工程师只可能对重要工序的质量检查确认，不会也不可能对全部工

图 5-3　墙面质量检查（二）

序进行检查，这样在实际的工作中才具有可操作性。如图 5-3 所示。

5.1.2 抽样检验

符合下列条件之一时，可按相关专业验收规范的规定适当调整抽样复验、试验数量，调整后的抽样复验、试验方案应由施工单位编制，并报监理单位审核确认。

图 5-4 钢筋质量检查

（1）同一项目中由相同施工单位施工的多个单位工程，使用同一生产厂家的同品种、同规格、同批次的材料、构配件、设备。如图 5-4 所示。

（2）同一施工单位在现场加工的成品、半成品、构配件用于同一项目中的多个单位工程。如图 5-5 所示。

说明：仅针对施工现场加工的成品、半成品、构配件，不针对施工安装后形成的结构部分。

（3）在同一项目中，针对同一抽查对象已有检验结果可以重复利用。

说明：当符合规定的条件时，适当调整或减少抽样复验、试验的数量，可以降低检验的成本，也可以节约时间。

5.1.3 专项验收

当专业验收规范对工程中的验收项目未做出相应规定时，应由建设单位组织监理、设计、施工等相关单位制定专项验收要求。涉及安全、节能、环保等项目的专项验收如图 5-6 所示。

图 5-5 墙面构配件施工质量检查

涉及安全、节能、环境保护等专项验收要求应由建设单位组织专家论证

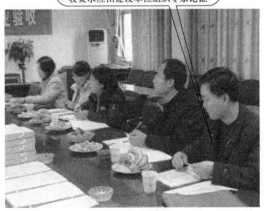

图 5-6 专项验收工作会

5.1.4 检验批抽取

检验批应满足分布均匀、具有代表性的要求，采用随机抽取方式抽取样本。抽样数量不应低于有关专业验收规范的要求。如表 5-1 所示。

说明：其目的是要保证验收具有一定的抽样量。并符合统计学原理，使抽样更具有代表性。

检验批最小抽样数量

表 5-1

检验批的容量	最小抽样数量	检验批的容量	最小抽样数量
2～15	2	151～280	13
16～25	3	281～500	20
26～50	5	501～1200	32
51～90	6	1201～3200	50
91～150	8	3201～10000	80

明显不合格的个体可不纳入检验批，但必须进行处理，使其满足有关专业验收规范的规定，对处理情况应予以记录并重新验收。如图 5-7 所示。

5.1.5 建筑工程质量验收的划分

建筑工程质量验收应划分为：单位工程、分部工程、分项工程和检验批。

单位工程划分：具备独立施工条件并能形成独立使用功能的建筑物或构筑物为一个单位工程；建筑规模较大的单位工程，可将其能形成独立使用功能的部分划分为一个子单位工程。如图 5-8 所示。

分部工程划分：分部工程可按专业性质、工程部位确定；当分部工程较大或较复杂时，可按材料种类、施工特点等再划分为若干子分部工程。

分项工程可按主要工种、材料、施工工艺、设备类别进行划分。

检验批可根据工程量、楼层、施工段等进行划分。

图 5-7　现场检验批验收

图 5-8　建筑物

5.1.6 建筑工程施工质量验收的基本要求

1. 工程质量验收均应在施工单位自检合格的基础上进行；
2. 参加工程施工质量验收的各方人员应具备相应的资格；
3. 检验批的质量应按主控项目和一般项目验收；

4. 对涉及结构安全、节能、环境保护和主要使用功能的试块、试件及材料应在进场时或在施工中按规定进行见证检验；

5. 隐蔽工程在隐蔽前应由施工单位通知监理单位进行验收，并形成验收文件，验收合格后方可继续施工；

6. 对涉及结构安全、节能环境保护和使用功能的重要分部工程应在验收前按规定进行抽样检验；

7. 工程的观感质量应由验收人员现场检查，并应共同确认。

5.1.7　建筑工程质量验收程序

检验批应由专业监理工程师组织施工单位项目专业质量检查员、专业工长等进行验收。如图 5-9 所示。

分项工程应由专业监理工程师组织施工单位项目专业技术负责人等进行验收。如图 5-10 所示。

图 5-9　检验批现场验收

图 5-10　分项工程现场验收

分部工程应由总监理工程师组织施工单位项目负责人和项目技术负责人等进行验收。如图 5-11 所示。

勘察、设计单位项目负责人和施工单位技术、质量部门负责人应参加地基与基础分部工程的验收。设计单位项目负责人和施工单位技术、质量部门负责人应参加主体结构、节能分部工程的验收。

单位工程中的分包工程完工后，分包单位应对所承包的工程项目进行自检，并应按"统一标准"规定的程序进行验收。验收时，总包单位应派人参加。分包单位应将所分包工程的质量控制资料整理完整后，移交给总包单位。如图

图 5-11　分部工程现场验收

5-12、图 5-13 所示。

施工单位自行检查的3个层次

图 5-12　施工单位自行查验的 3 个层次

图 5-13　施工单位自检

单位工程自检和预验收如图 5-13，当存在施工质量问题时，应由施工单位及时整改。整改完毕后，由施工单位向建设单位提交工程竣工报告，申请工程竣工验收。单位工程验收如图 5-14 和图 5-15 所示。

图 5-14　二期工程验收会

图 5-15　竣工验收会

5.1.8　当建筑工程施工质量不符合要求时，应按下列规定进行处理

1　经返工或返修的检验批，应重新进行验收；

2　经有资质的检测机构检测鉴定能够达到设计要求的检验批，应予以验收；

3　经有资质的检测机构检测鉴定达不到设计要求、但经原设计单位核算认可能够满足安全和使用功能的检验批，可予以验收；

4　经返修或加固处理的分项、分部工程，满足安全及使用功能要求时，可按技术处理方案和协商文件的要求予以验收。

5　经返修或加固处理仍不能满足安全或重要使用功能的分部工程及单位工程，严禁验收。

5.2　民用建筑工程室内环境污染控制规范

5.2.1　民用建筑工程分类

Ⅰ类民用建筑工程：住宅、医院、老年建筑、幼儿园、学校教室等民用建筑工程。如图 5-16。

Ⅱ类民用建筑工程：办公楼、商店、旅馆、文化娱乐场所、书店、图书馆、展览馆、体育馆、公共交通等候室、餐厅、理发店等民用建筑工程。如图 5-17 所示。

图 5-16　医院

图 5-17　体育馆

5.2.2　人造木板及饰面人造木板

人造木板及饰面人造木板，如图 5-18 所示。

5.2.3　涂料

民用建筑工程室内用水性涂料和水性腻子，应测定游离甲醛的含量。溶剂型涂料见图 5-19 所示。

民用建筑工程室内用人造木板及饰面人造木板，必须测定游离甲醛含量或游离甲醛释放量

图 5-18　电视背景墙 1

民用建筑工程室内用溶剂型涂料和木器用溶剂型腻子，应按其规定的最大稀释比例混合后，测定VOC和苯、甲苯+二甲苯+乙苯的含量

图 5-19　电视背景墙 2

室内用溶剂型涂料中挥发性有机化合物（VOC）和苯的限量应符合表 5-2 的要求。

室内用溶剂型涂料和木器用溶剂型腻子中 VOC、苯、甲苯＋
二甲苯＋乙苯限量　　　　　　　　　　　　　　　　　　表 5-2

涂料类别	VOC(g/L)	苯(%)	甲苯＋二甲苯＋乙苯(%)
醇酸类涂料	≤500	≤0.3	≤5
硝基类涂料	≤720	≤0.3	≤30
聚氨酯类涂料	≤670	≤0.3	≤30
酚醛防锈漆	≤270	≤0.3	—
其他溶剂型涂料	≤600	≤0.3	≤30
木器用溶剂型腻子	≤550	≤0.3	≤30

民用建筑工程室内用溶剂型胶粘剂，应测定其挥发性有机化合物（VOC）和苯、甲苯＋二甲苯的含量

图 5-20　胶粘剂

聚氨酯漆测定固化剂中游离二异氰酸酯（TDI、HDI）的含量后，应按其规定的最小稀释比例计算出聚氨酯漆中游离二异氰酸酯（TDI、HDI）含量，且不应大于 4g/kg。测定方法宜符合现行国家标准《色漆和清漆用漆基 异氰酸酯树脂中二异氰酸酯（TDI）单体的测定》GB/T 18446 的有关规定。

5.2.4　胶粘剂

民用建筑工程室内用水性胶粘剂，应测定挥发性有机化合物（VOC）和游离甲醛的含量如图 5-20 所示。

聚氨酯胶粘剂应测定游离甲苯二异氰酸酯（TDI）的含量，按产品推荐的最小稀释量计算出聚氨酯漆中游离甲苯二异氰酸酯（TDI）含量，且不应大于 4g/kg。测定方法宜符合现行国家标准《室内装饰装修材料 胶粘剂中有害物质限量》GB 18583—2008 附录 D 的规定。

水性缩甲醛胶粘剂中游离甲醛、挥发性有机化合物（VOC）含量的测定方法，宜符合现行国家标准《室内装饰装修材料 胶粘剂中有害物质限量》GB 18583—2008 附录 A 和附录 F 的规定。

溶剂型胶粘剂中挥发性有机化合物（VOC）、苯、甲苯十二甲苯含量测定方法，宜符合本规定附录 C 的规定。

5.2.5　水性处理剂

民用建筑工程室内用水性阻燃剂（包括防火涂料）、防水剂、防腐剂等水性处理剂，应测定游离甲醛的含量，其限量应符合下列规定：游离甲醛（g/kg）≤0.1。

5.2.6　材料选择

Ⅰ类民用建筑工程室内装修采用的无机非金属装修材料必须采用 A 类。如图 5-21

所示。

民用建筑工程室内装修中所使用的木地板及其他木质材料，严禁采用沥青、煤焦油类防腐、防潮处理剂。

Ⅰ类民用建筑工程的室内装修，采用的人造木板及饰面人造木板必须达到E1(0.12)级要求

图 5-21　客厅

能释放甲醛的混凝土外加剂，其游离甲醛含量不应大于0.5g/kg。

图 5-22　混凝土外加剂

能释放甲醛的混凝土外加剂，其游离甲醛含量不应大于 0.5g/kg（图 5-22），测定方法应符合现行国家标准《室内装饰装修材料　内墙涂料中有害物质限量》GB 18582—2008 附录 B 的规定。

5.2.7　验收

民用建筑工程及其室内装修工程的室内环境质量验收，应在工程完工至少 7d 以后、工程交付使用前进行。

当建筑材料和装修材料进场检验，发现不符合设计要求及规范的有关规定时，严禁使用。如图 5-23 所示。

民用建筑工程及其室内装修工程验收时，应检查下列资料：

图 5-23　餐厅

（1）工程地质勘察报告、工程地点土壤中氡浓度或氡析出率检测报告、工程地点土壤天然放射性核素镭-226、钍-232、钾-40 含量检测报告；

（2）涉及室内新风量的设计、施工文件，以及新风量的检测报告；

（3）涉及室内环境污染控制的施工图设计文件及工程设计变更文件；

（4）建筑材料和装修材料的污染物检测报告、材料进场检验记录、复验报告；

（5）与室内环境污染控制有关的隐蔽工程验收记录、施工记录；

（6）样板间室内环境污染物浓度检测报告（不做样板间的除外）。

民用建筑工程室内环境污染物浓度限量见表5-3。

民用建筑工程室内环境污染物浓度限量   表 5-3

污 染 物	Ⅰ类民用建筑工程	Ⅱ类民用建筑工程
氡（Bq/m³）	≤200	≤400
甲醛（mg/m³）	≤0.08	≤0.1
污染物	Ⅰ类民用建筑工程	Ⅱ类民用建筑工程
苯（mg/m³）	≤0.09	≤0.09
氨（mg/m³）	≤0.2	≤0.2
TVOC（mg/m³）	≤0.5	≤0.6

民用建筑工程中所采用的无机非金属建筑材料和装修材料必须有放射性指标检测报告，并应符合设计要求和规范的有关规定。如图5-24所示。

民用建筑工程室内装修中所采用的人造木板及饰面人造木板，必须有游离甲醛含量或游离甲醛释放量检测报告，并应符合设计要求和规范的有关规定。如图5-25所示。

图 5-24　大堂大理石地面

图 5-25　客厅

民用建筑工程室内装修中所采用的水性涂料、水性胶粘剂、水性处理剂必须有同批次产品的挥发性有机化合物（VOC）和游离甲醛含量检测报告。如图5-26所示。

建筑材料和装修材料的检测项目不全或对检测结果有疑问时，必须将材料送有资质的检测机构进行检验，检验合格后方可使用。如图5-27所示。

溶剂型涂料、溶剂型胶粘剂必须有同批次产品的挥发性有机化合物（VOC）、苯、甲苯＋二甲苯、游离甲苯二异氰酸酯（TDI）含量检测报告，并应符合设计要求和规范的有关规定

图 5-26　立邦涂料

民用建筑工程室内装修时，严禁使用苯、工业苯、石油苯、重质苯及混苯作为稀释剂和溶剂

图 5-27　油漆、涂料

5.3　金属与石材幕墙工程技术规范

5.3.1　一般规定

金属与石材幕墙所选用材料的物理力学及耐候性能应符合设计要求。

硅酮结构密封胶、硅酮耐候密封胶必须有与所接触材料的相容性试验报告。橡胶条应有成分化验报告和保质年限证书。如图 5-28 所示。

硅酮结构密封胶、硅酮耐候密封胶必须有与所接触材料的相容性试验报告。橡胶条应有成分化验报告和保质年限证书

图 5-28　幕墙的面板

5.3.2　花岗石板材的弯曲强度检测

花岗石板材的弯曲强度应经法定检验机构检测确定，其弯曲强度不应小于 **8.0MPa**。为满足强度计算的要求，火烧石板的厚度应比抛光石板厚 3mm。如图 5-29 所示。

图 5-29　幕墙

5.3.3　幕墙用单层铝板厚度要求

幕墙用单层铝板厚度不应小于 2.5mm，如图 5-30 所示。

铝板幕墙施工前应按设计要求准确提供所需材料的规格及各种配件的数量，以便加工。

铝塑复合板的上下两层铝合金板的厚度均应为0.5mm，铝合金板与夹心层的剥离强度标准值应大于7N/mm

图 5-30　铝板幕墙

施工前，对照铝板幕墙的骨架设计，复检主体结构的质量。因为主体结构质量的好坏，对幕墙骨架的排列位置影响较大。特别是墙面垂直度、平整度的偏差，将会影响整个幕墙的水平位置。详细核查施工图纸和现场实测尺寸，以确保设计加工的完善。

5.3.4　结构密封胶的保质期与检测报告

同一幕墙工程应采用同一品牌的单组分或双组分的硅酮结构密封胶，并应有保质年限的质量证书。用于石材幕墙的硅酮结构密封胶还应有证明无污染的试验报告。如图 5-31 所示。

5.3.5　对挠度的规定

幕墙构件的立柱与横梁在风荷载标准值作用下，钢型材的相对挠度不应大于 $l/300$（l 为立柱或横梁两支点间的跨度），绝对挠度不应大于 15mm；铝合金型材的相对挠度不应大于 $l/180$，绝对挠度不应大于 20mm。如图 5-32 所示。

同一幕墙工程应采用同一品牌的硅酮结构密封胶和硅酮耐候密封胶配套使用

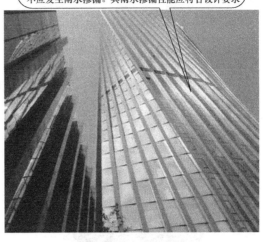

幕墙在风荷载标准值除风系数后的风荷载值作用下，不应发生雨水渗漏。其雨水渗漏性能应符合设计要求

图 5-31　幕墙

图 5-32　玻璃幕墙

5.3.6　防火层的密封材料

防火层的密封材料应采用防火密封胶；防火密封胶应有法定检测机构的防火检验报告。如图 5-33 所示。

幕墙的防火层必须采用经防腐处理且厚度不小于1.5mm的耐热钢板，不得采用铝板

图 5-33　燃烧中的楼宇

5.3.7 钢型材截面要求

钢型材截面主要受力部分最小壁厚取为 3.5mm。如图 5-34 所示。

5.3.8 打胶

用硅酮结构密封胶粘结固定构件时，注胶应在 15℃以上 30℃以下、相对湿度 50％以上，且洁净、通风的室内进行，胶的宽度、厚度应符合设计要求。如图 5-35 所示。

图 5-34　钢型材预埋截面

图 5-35　固定构件

5.4　建筑地面工程施工质量验收规范

5.4.1　材料或产品进场时的规定

材料或产品进场时应符合下列条件：建筑地面工程采用的材料或产品应符合设计要求和国家现行有关标准的规定；无国家现行标准的，应具有省级住房和城乡建设行政主管部门的技术认可文件。不应具有如图 5-36 所示规定（以上均为强制性条文）。

图 5-36　地坪漆地面

为配合推动建筑新材料、新技术的发展，规定暂时没有国家现行标准的建筑地面材料或产品也可以进场使用，但必须持有建筑地面工程所在地的省级住房和城乡建设行政主管部门的技术认可文件。如图 5-37 所示。

厕浴间和有防滑要求的建筑地面应符合设计防滑要求。 如图 5-38 所示。

质量合格证明文件：随同进场材料或产品一同提供的、有效的中文质量状况证明文件。通常包括型式检验报告、出厂检验报告、出厂合格证等。进口产品还应包括出入境商品检验合格证明

建筑地面下的沟槽、暗管、保温、隔热、隔声等工程完工后，经检验合格并作隐蔽记录，方可进行建筑地面工程的施工

图 5-37　园区地面　　　　　　　　　　图 5-38　厨房

5.4.2　地面排水系统设计一般规定

水泥混凝土散水、明沟应设置伸、缩缝，其延米间距不得大于 10m，对日晒强烈且昼夜温差超过 15 ℃ 的地区，其延长米间距宜为 4～6m。如图 5-39 所示。

厕浴间、厨房和有排水（或其他液体）要求的建筑地面面层与相连接各类面层的标高差应符合设计要求（强制性条文）。如图 5-40 所示。

水泥混凝土散水、明沟和台阶等与建筑物连接处及房屋转角处应设缝处理。上述缝的宽度为 15～20mm，缝内应填嵌柔性密封材料

强调相邻面层的标高差的重要性和必要性，以防止有排水的建筑地面面层水倒泄入相邻面层，影响正常使用

图 5-39　室外散水　　　　　　　　　　图 5-40　厕浴间

检查防水隔离层应采用蓄水方法，蓄水深度最浅处不得小于 10mm，蓄水时间不得少于 24h；检查有防水要求的建筑地面的面层应采用泼水方法。如图 5-41 所示。

5.4.3 空鼓检查

检查空鼓应采用敲击的方法。如图 5-42 所示。

图 5-41 蓄水试验

图 5-42 敲击锤

5.4.4 伸缩缝的设计

室内地面的水泥混凝土垫层和陶粒混凝土垫层，应设置纵向缩缝和横向缩缝；纵向缩缝、横向缩缝的间距均不得大于 6m。

5.4.5 找平层

找平层采用水泥砂浆或水泥混凝土铺设。当找平层厚度小于 30mm 时，宜用水泥砂浆做找平层；当找平层厚度等于或大于 30mm 时，宜用细石混凝土做找平层。如图 5-43 所示。

有防水要求的建筑地面工程，铺设前必须对立管、套管和地漏与楼板节点之间进行密封处理，并应进行隐蔽验收；排水坡度应符合设计要求。如图 5-44 所示。

水泥混凝土垫层的厚度不应小于60mm；
陶粒混凝土垫层的厚度不应小于80mm

图 5-43 水泥混凝土垫层

有防水要求的建筑地面工程，铺设前必须对立管、套管和地漏与楼板节点之间进行密封处理，并应进行隐蔽验收；排水坡度应符合设计要求

图 5-44 地面关键部位做防水处理

5.4.6 混凝土强度等级要求

厕浴间和有防水要求的建筑地面必须设置防水隔离层。楼层结构必须采用现浇混凝土

或整块预制混凝土板，混凝土强度等级不应低于 **C20**。如图 5-45 所示。

5.4.7　常用的板块面层铺设材料

常用的铺设材料有：水泥混凝土板块、水磨石板块、人造石板块、陶瓷锦砖、陶瓷地砖、缸砖、水泥花砖、料石、大理石。如图 5-46 所示。

房间的楼板四周除门洞外应做混凝土翻边，高度不应小于200mm，宽同墙厚，混凝土强度等级低应低于C20。施工时结构层标高和预留孔洞位置应准确，严禁乱凿洞（强制性条文）

混凝土翻边

花岗石等面层的结合层和填缝采用水泥砂浆时，在面层铺设后，表面应覆盖、湿润，养护时间不应少于7d

图 5-45　厕浴间　　　　　　　　　图 5-46　地板砖地面

5.4.8　楼梯踏步宽度、高度要求

楼梯、台阶踏步的宽度、高度应符合设计要求。踏步板块的缝隙宽度应一致；楼层梯段相邻踏步高度差不应大于 10mm，每踏步两端宽度差不应大于 10mm。如图 5-47 所示。

5.4.9　木地板铺设

铺设实木地板、实木集成地板、竹地板面层时，其木搁栅的截面尺寸、间距和稳固方法

旋转楼梯段的每踏步两端宽度的允许偏差为5mm。踏步面层应作防滑处理，齿角应整齐，防滑条应顺直、牢固

实木地板、实木集成地板、竹地板面层铺设时，相邻板材接头位置应错开不小于300mm；与柱、墙之间应留8~12mm缝隙

图 5-47　旋转楼梯　　　　　　　　　图 5-48　木地板地面

等均应符合设计要求。木搁栅固定时，不得损坏基层和预埋管线。木搁栅应垫实钉牢，与柱、墙之间留出 20mm 的缝隙，表面应平直，其间距不宜大于 300mm。如图 5-48 所示。

5.5 建筑工程饰面砖粘结强度检验标准

5.5.1 带饰面砖的预制构件

（1）生产厂应提供带饰面砖的预制构件质量及其他证明文件，其中饰面砖粘结强度检验结果应符合本标准的规定。如图 5-49 所示。

（2）带饰面砖的预制墙板检测强度应符合图 5-50 的要求。

复验应以每500m² 同类带饰面砖的预制墙板为一个检验批，不足500m² 应按500m² 计，每批应取一组，每组应为3块板，每块板应制取1个试样对饰面砖粘结强度进行检验

图 5-49 带饰面砖预制墙板

每组试样平均粘结强度不应小于0.6MPa；每组可有一个试样的粘结强度小于0.6MPa，但不应小于0.4MPa

图 5-50 饰面砖

5.5.2 现场粘贴饰面砖

（1）检验、取样

现场粘贴的饰面砖粘结强度检验应以每 500m² 同类墙体饰面砖为一个检验批，不足 500m² 应按 500m² 计，每批应取一组（3 个）试样，每相邻的三个楼层应至少取一组试样，试样应随机抽取，取样间距不得小于 500mm。如图 5-51 所示。

（2）同类饰面砖的检测强度

现场粘贴的同类饰面砖，当一组试样均符合下列两项指标要求时，其粘结强度应定为合格；当一组试样均不符合下列两项指标要求时，其粘结强度应定为不合格；当一组试样只符合下列两项指标的一项要求时，应在该组试样原取样区域内重新抽取两组试样检验，若检验结果仍有一项不符合要求时，则该组饰面砖粘结强度应定为不合格：（1）每组试样平均粘结强度不应小于 0.4MPa；（2）每组可有一个试样的粘结强度小于 0.4MPa，但不应小于 0.3MPa。如图 5-52 所示。

现场粘贴的外墙饰面砖工程完工后,应对饰面砖粘结强度进行检验,当粘结后28d以内达不到标准或有条议时,应以28～60d内约定时间检验的粘结结强度为准。

图 5-51 现场粘贴外墙砖

图 5-52 饰面砖

5.6 建筑节能工程施工质量验收规范

5.6.1 节能设计变更的要求

设计变更不得降低建筑节能效果。当设计变更涉及建筑节能效果时,该项变更应经原施工图设计审查机构审查,在实施前应办理设计变更手续,并获得监理或建设单位的确认。如图 5-53 所示。

强标。关于节能设计变更的要求:(1)原设计单位认可;(2)原设计审查机构审查;(3)获得监理或建设单位的认可

5.6.2 节能建筑施工

节能建筑须按照经审核批准的相关文件进行施工（强制性条文）这是对节能工程施工的基本要求。设计文件和施工技术方案,是节能工程施工也是所有工程施工均应遵循的基本要求。设计文件应当经过设计审查机构的审查;施工技术方案则应通过建设或监理单位的审查。如图 5-54 所示。

5.6.3 墙体节能工程

图 5-53 节能建筑卡通图

检验批的划分也可根据与施工流程相一致且方便施工与验收的原则,由施工单位与监理（建设）单位共同商定。如图 5-55所示。

墙体节能工程使用的保温隔热材料,其导热系数、密度、抗压强度或压缩强度、燃烧性能应符合设计要求。检验方法:核查质量证明文件及进场复验报告。如图 5-56 所示。

建筑节能工程应当按照经审查合格的设计文件和经审批的建筑节能工程施工技术方案的要求施工

图 5-54 节能建筑

墙体节能工程验收的检验批划分应符合下列规定：采用相同材料、工艺和施工做法的墙面，每500～1000m² 面积划分为一个检验批，不足500m²也为一个检验批

图 5-55 墙体外立面

墙体节能工程采用的保温材料和粘结材料等，进场时应对其下列性能进行复验，复验应为见证取样送检：（1）保温材料的导热系数、材料密度、抗压强度或压缩强度；（2）粘结材料的粘结强度；（3）增强网的力学性能、抗腐蚀性能。如图 5-57 所示。

本条把墙体工程使用的保温材料直接涉及节能效果的4项性能指标列为强制指标必须达到

图 5-56 外墙保温

同一厂家同一品种的产品，当单位工程建筑面积小于2万m²时各抽查不少于3次。当单位工程建筑面积大于2万m²时各抽查不少于6次

图 5-57 外立面

当墙体节能工程的保温层采用预埋或后置锚固件固定时，锚固件数量、位置、锚固深度和拉拔力应符合设计要求。后置锚固件应进行锚固力现场拉拔试验，试验结果应符合要求。如图 5-58 所示。

检验方法：保温材料厚度采用钢针插入或剖开尺量检查；粘结强度和锚固力核查试验报告；核查隐蔽工程验收记录。每个检验批抽查不少于 3 处。如图 5-59 所示。

保温板材与基层的粘结强度应做现场拉拔试验，试验结果应符合要求

图 5-58　外墙保温材料粘贴

水泥砂浆
基层墙体
界面砂浆
玻化微珠保温砂浆
抗裂砂浆
网格布
外墙装饰

图 5-59　保温结构示意图

5.6.4　幕墙节能工程

幕墙节能工程使用的保温隔热材料，其导热系数、密度、燃烧性能应符合设计要求。幕墙玻璃的传热系数、遮阳系数、可见光透射比、中空玻璃露点应符合设计要求。如图 5-60 所示。

幕墙节能工程使用的材料、构件等进场时，应对其性能（见图 5-61）进行复验，复验应为见证取样送检。

检验方法：核查质量证明文件和复验报告

图 5-60　玻璃幕墙

保温材料：导热系数、密度；幕墙玻璃：可见光透射比、传热系数、遮阳系数、中空玻璃露点；隔热型材：抗拉、抗剪强度

图 5-61　玻璃幕墙

幕墙节能工程使用的保温材料，其厚度应符合设计要求，安装应牢固，不得松脱。如图 5-62 所示。

5.6.5　建筑外门窗工程

建筑外门窗工程施工中，应对门窗框与墙体接缝处的保温填充做法进行隐蔽工程验收，并应有隐蔽工程验收记录和必要的图像资料。如图 5-63 所示。

同一厂家的同一品种、类型、规格的门窗及门窗玻璃每 100 樘划分为一个检验批，不

对保温板或保温层采取针插法或剖开法尺量厚度；手扳检查

图 5-62　幕墙

保温处理多采用现场注发泡胶，然后采用密封胶密封防水。发泡聚苯乙烯等弹性材料分层填塞不宜过紧

图 5-63　门窗密封处

足 100 樘也为一个检验批。同一厂家的同一品种、类型和规格的特种门每 50 樘划分为一个检验批，不足 50 樘也为一个检验批。如图 5-64 所示。

建筑门窗每个检验批应抽查 5%，并不少于 3 樘，不足 3 樘时应全数检查；高层建筑的外窗，每个检验批应抽查 10%，并不少于 6 樘，不足 6 樘时应全数检查。如图 5-65 所示。

对于异型或有特殊要求的门窗，检验批的划分应根据其特点和数量，由监理（建设）单位和施工单位协商确定

图 5-64　外立面窗户

特种门每个检验批应抽查50%，并不少于10樘，不足10樘时应全数检查

图 5-65　建筑门窗

建筑外窗的气密性、保温性能、中空玻璃露点、玻璃遮阳系数和可见光透射比应符合设计要求。如图 5-66 所示。

5.6.6　屋面工程

用于屋面节能工程的保温隔热材料，其导热系数、密度、抗压强度或压缩强度、燃烧性能必须符合设计要求和强制性标准的规定。如图 5-67 所示。

检验方法：核查质量证明文件和复验报告。检查数量：全数检查

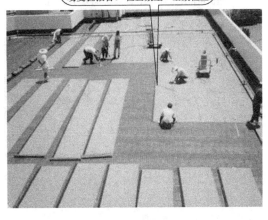

检验方法：核查质量证明文件及进场复验报告。检查数量：全数检查

图 5-66　建筑外窗 　　　　　　　图 5-67　屋面保温施工

　　屋面保温隔热工程采用的保温材料，进场时应对其导热系数、密度、抗压强度或压缩强度、燃烧性能进行复验，复验应为见证取样送检。如图 5-68 所示。

5.6.7　地面节能工程

　　地面节能工程应对图 5-69 所示部位进行隐蔽工程验收，并应有详细的文字记录和必要的图像资料。

检验方法：随机抽样送检，核查复验报告。检查数量：同一厂家同一品种的产品各抽查不少于3组

基层；被封闭的保温材料厚度；保温材料粘结；隔断热桥部位

图 5-68　屋面保温 　　　　　　　图 5-69　保温层内部结构

　　地面节能分项工程检验批划分应符合下列规定：检验批可按施工段或变形缝划分；每一楼层或按照每层的施工段或变形缝可划分为一个检验批，高层建筑的标准层每三层作为一个检验批（与地面验收规范一致）。如图 5-70 所示。

5.6.8　外墙节能结构的实体检测

　　建筑围护结构施工完成后，应对围护结构的外墙节能构造和严寒、寒冷、夏热冬冷地

区的外窗气密性进行现场实体检测。如图 5-71 所示。

当面积超过200m²时，每200m²可划分为一个检验批，不足200m²也为一个检验批；不同做法的地面节能工程应单独划分检验批

图 5-70　地面施工

当条件具备时，也可直接对围护结构的传热系数进行检测；采用围护结构钻芯法检验节能效果

图 5-71　墙体检测

外墙取样数量为一个单位工程每种节能保温做法至少取 3 个芯样。取样部位宜均匀分布，不宜在同一个房间外墙上取 2 个或 2 个以上芯样。如图 5-72 所示。

5.6.9　建筑节能分部工程的质量验收

建筑节能分部工程的质量验收，应在检验批、分项工程全部验收合格的基础上，进行外墙节能构造实体检验、严寒和寒冷地区的外窗气密性现场检测以及系统节能性能检测和系统联合试运转与调试，确认建筑节能工程质量达到设计要求。如图 5-73 所示。

验证墙体保温材料的种类是否符合设计要求；验证保温层厚度是否符合设计要求；检查保温层构造做法是否符合设计和施工方案要求

图 5-72　外墙施工作业

通过外墙构造实体检验、外窗气密性现场检测、系统节能性能检验和系统联合试运转与调试，确认节能分部工程质量达到设计要求和规范规定的合格水平

图 5-73　对外墙节能构造进行检测

建筑节能分部工程质量验收合格，应符合下列规定：（1）分项工程应全部合格；（2）质量控制资料应完整；（3）外墙节能构造现场实体检验结果应符合设计要求；（4）严寒、寒冷和夏热冬冷地区的外窗气密性现场实体检测结果应合格；（5）建筑设备工程系统节能

性能检测结果应合格。如图 5-74 所示。

图 5-74 节能建筑验收会

5.7 建筑涂饰工程施工及验收规程

5.7.1 基层质量要求

基层应表面平整，立面垂直，阴阳角垂直，方正、无缺棱掉角，分格缝深浅一致且横平竖直。基层应清洁，表面无灰尘、无浮浆、无油迹、无锈斑、无霉点、无盐类折出物和无青苔等杂物。抹灰质量的允许偏差见表 5-4。

抹灰质量的允许偏差（mm） 表 5-4

平整内容	普通级	中级	高级
表面平整		≤4	≤4
阴阳角垂直	≤5	≤4	≤4
阴阳角方正	—	≤4	≤4
立面垂直	—	≤5	≤5
分格缝深浅一致且横平竖直	—	≤3	≤3

5.7.2 材料

本规程适用的涂饰材料系指合成树脂乳液内墙涂料、合成树脂乳液外墙涂料、合成树脂乳液砂壁状建筑涂料、溶剂型外墙涂料、复层建筑涂料、外墙无机建筑涂料。

合成树脂乳液内墙涂料的主要技术指标应符合现行国家标准《合成树脂乳液内墙涂料》GB/T 9756—2009 的规定和《室内装饰装修材料 内墙涂料中有害物质限量》GB 18582—2008 以及《民用建筑工程室内环境污染控制规范》GB 50325—2010（2013 版）的环保要求。

5.7.3 施工

涂饰工程应按"底涂层、中间涂层、面涂层"的要求进行施工，后一遍涂饰材料的施工必须在前一遍涂饰材料表面干燥后进行；涂饰溶剂型涂料时，后一遍涂料必须在前一遍涂料实干后进行。每一遍涂饰材料应涂饰均匀，各层涂饰材料必须结合牢固，对有特殊要求的工程可增加面涂层次数。

图 5-75　墙面粉刷

采用传统的施工辊筒和毛刷进行涂饰时，每次蘸料后宜在匀料板上来回滚匀或在桶边舔料。涂饰时涂膜不应过厚或过薄，应充分盖底，不透虚影，表面均匀。采用喷涂时应控制涂料和喷枪的压力，保持涂层厚薄均匀，不露底、不流坠、色泽均匀，确保涂层的厚度。

旧墙面需重新复涂涂饰材料时，应视不同基层进行不同处理。旧涂层墙面应清除粉化的涂层，并铲除疏松起壳部分；用钢丝刷除去残留的涂膜后，将墙面清洗干净再作修补，并应待干燥后按选定的涂饰材料施工工序施工。如图 5-75 所示。

5.7.4　验收规定

室外涂饰工程每一栋楼的同类涂料涂饰的墙面每 1000m² 划分为一个检验批，不足 1000m² 也为一个检验批。如图 5-76 所示。

室内涂饰工程同类涂饰涂料的墙面每 50 间划分为一个检验批，不足 50 间也为一个检验批。如图 5-77 所示。

图 5-76　外墙粉刷涂料

图 5-77　室内顶面涂料粉刷

5.8　建筑装饰装修工程质量验收规范

5.8.1　设计

既有建筑装饰装修工程设计涉及主体和承重结构变动时，必须在施工前委托原结构设计单位或者具有相应资质条件的设计单位提出设计方案，或由检测鉴定单位对建筑结构的安全性进行鉴定。如图 5-78 所示。

5.8.2　材料

建筑装饰装修工程所用材料应符合国家有关建筑装饰装修材料有害物质限量标准的规定。如图 5-79 所示。

建筑装饰装修工程必须进行设计
并出具完整的施工图设计文件

建筑装饰装修工程所使用的材料应按
设计要求进行防火防腐和防虫处理

图 5-78　室内装饰工程施工

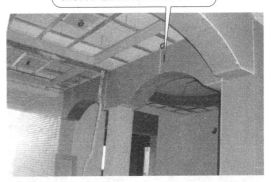

图 5-79　建筑装饰装修施工现场 1

5.8.3　施工

建筑装饰装修工程施工中严禁违反设计文件擅自改动建筑主体 承重结构或主要使用功能；严禁未经设计确认和有关部门批准擅自拆改水、暖、电、燃气、通信等配套设施。如图 5-80 所示。

室内外装饰装修工程施工的环境条件应满足施工工艺的要求，施工环境温度不应低于 5℃，当必须在低于 5℃气温下施工时应采取保证工程质量的有效措施。如图 5-81 所示。

施工单位应遵守有关环境保护的法律法规并应采取
有效措施控制施工现场的各种粉尘、废气、废弃物、
噪声、振动等对周围环境造成的污染和危害

建筑装饰装修工程施工过程中应做好半
成品和成品的保护，防止污染和损坏

图 5-80　建筑装饰装修施工现场 2

图 5-81　施工现场成品保护

5.8.4 抹灰工程

抹灰总厚度大于或等于 35mm 时，不同材料基体交接处应有加强措施。如图 5-82 所示。

室内墙面、柱面和门洞口的阳角做法应符合设计要求；设计无要求时应采用 1：2 水泥砂浆做暗护角，其高度不应低于 2m，每侧宽度不应小于 50mm，抹灰用的石灰膏的熟化期不应少于 15d，罩面用的磨细石灰粉的熟化期不应少于 3d（可根据防撞部位分段安装）。

一般抹灰所用材料的品种和性能应符合设计要求，水泥的凝结时间和安定性复验应合格。如图 5-83 所示。

不同材料基体交接处表面的抹灰应采取防止开裂的加强措施。当采用加强网时，加强网与各基体的搭接宽度不应小于100mm

图 5-82　墙面抹灰 1

图 5-83　墙面抹灰 2

一般抹灰的允许偏差和检验方法如表 5-5 所示。

一般抹灰的允许偏差和检验方法　　　　　　　　　　　表 5-5

项次	项目	允许偏差（mm）		检验方法
		普通抹灰	高级抹灰	
1	立面垂直度	4	3	用 2m 垂直检测尺检查
2	表面平整度	4	3	用 2m 靠尺和塞尺检查
3	阴阳角方正	4	3	用直角检测尺检查
4	分格条（缝）直线度	4	3	用 5m 线，不足 5m 拉通线，用钢直尺检查
5	墙裙、勒脚上口直线度	4	3	用 5m 线，不足 5m 拉通线，用钢直尺检查

5.8.5 门窗工程

门窗工程应对下列材料及其性能指标进行复验：（1）人造木板的甲醛含量；（2）建筑外墙金属窗和塑料窗的抗风压性能、空气渗透性能和雨水渗漏性能。

门窗工程应对下列隐蔽工程项目进行验收：（1）预埋件和锚固件；（2）隐蔽部位的防腐填嵌处理。如图 5-84 所示。

木门窗与砖石砌体混凝土或抹灰层接触处应进行防腐处理并应设置防潮层，埋入砌体或混凝土中的木砖应进行防腐处理。如图 5-85 所示。

图 5-84　门窗工程

图 5-85　窗户安装

建筑外门窗的安装必须牢固，在砌体上安装门窗严禁用射钉固定。如图 5-86 所示。

木门窗制作与安装工程的质量验收应符合下列规定：

木门窗的木材品种、材质等级、规格、尺寸、框扇的线型及人造木板的甲醛含量应符合设计要求。设计未规定材质等级时，所用木材的质量应符合本规范附录 A 的规定。

检验方法：观察；检查材料进场验收记录和复验报告。

木门窗的防火、防腐、防虫处理应符合设计要求。

检验方法：观察；检查材料进场验收记录。

木门窗的结合处和安装配件处不得有木节或已填补的木节。木门窗如有允许限值以内的死节及直径较大的虫眼时，应用同一材质的木塞加胶填补。对于清漆制品，木塞的木纹和色泽应与制品一致。

图 5-86　安装件

检验方法：观察。

门窗框和厚度大于 50mm 的门窗扇应用双榫连接。榫槽应采用胶料严密嵌合，并应用胶楔加紧。

检验方法：观察；手扳检查。

胶合板门、纤维板门和模压门不得脱胶。胶合板不得刨透表层单板，不得有槎。制作胶合板门、纤维板门时，边框和横楞应在同一平面上，面层、边框及横楞应加压胶结。横楞和上、下冒头应各钻两个以上的透气孔，透气孔应通畅。

检验方法：观察。

木门窗的品种、类型、规格、开启方向、安装位置及连接方式应符合设计要求。

检验方法：观察；尺量检查；检查成品门的产品合格证书。

木门窗框的安装必须牢固。预埋木砖的防腐处理及木门窗框固定点的数量、位置和固定方法应符合设计要求。

检验方法：观察；手扳检查；检查隐蔽工程验收记录和施工记录。

木门窗扇必须安装牢固，并应开关灵活，关闭严密，无倒翘。

检验方法：观察；开启和关闭检查；手扳检查。

木门窗配件的型号、规格、数量应符合设计要求，安装应牢固，位置应正确，功能应满足使用要求。

> 固定点应距窗角、中横框、中竖框 150～200mm，固定点间距应不大于600mm

图 5-87　木门窗

图 5-88　窗户安装

检验方法：观察；开启和关闭检查；手扳检查。如图 5-87 所示。

塑料门窗框副框和扇的安装必须牢固，固定片或膨胀螺栓的数量与位置应正确，连接方式应符合设计要求。如图 5-88 所示。

5.8.6　吊顶工程

同一品种的吊顶工程每 50 间（大面积房间和走廊按吊顶面积 30m² 为一间）应划分为一个检验批，不足 50 间也应为一个检验批。如图 5-89 所示。

重型灯具、电扇及其他重型设备严禁安装在吊顶工程的龙骨上。

> 吊杆距主龙骨端部距离不得大于300mm，当大于300mm时应增加吊杆。当吊杆长度大于1.5m时应设置反支撑

图 5-89　吊顶安装尺寸示意图

5.8.7　饰面板（砖）工程

饰面板（砖）工程应对下列材料及
其性能指标进行复验：（1）室内用花岗石的放射性；（2）粘贴用水泥的凝结时间、安定性和抗压强度；（3）外墙陶瓷面砖的吸水率；（4）寒冷地区外墙陶瓷面砖的抗冻性。如图5-90所示。

幕墙应对下列指标进行复验（图5-91）：

（1）铝塑复合板的剥离强度；

（2）石材、瓷板、陶板、微晶玻璃板、木纤维板、纤维水泥板和石材蜂窝板的抗弯强度；严寒、寒冷地区石材、瓷板、陶板、纤维水泥板和石材蜂窝板的抗冻性；室内用花岗石的放射性；

（3）幕墙用结构胶的邵氏硬度、标准条件拉伸粘结强度、相容性试验、剥离粘结性试验；石材用密封胶的污染性；

（4）中空玻璃的密封性能；

（5）防火、保温材料的燃烧性能；

（6）铝材、钢材主受力杆件的抗拉强度。

饰面板(砖)工程应对下列隐蔽工程项目进行验收：(1)预埋件(或后置埋件)；(2)连接节点；(3)防水层

图 5-90　饰面板（砖）工程

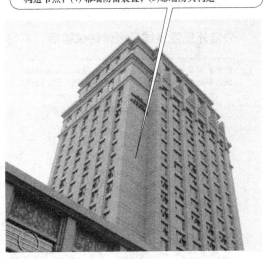

幕墙工程应对下列隐蔽工程项目进行验收：(1)预埋件(或后置埋件)；(2)构件的连接节点；(3)变形缝及墙面转角处的构造节点；(4)幕墙防雷装置；(5)幕墙防火构造

图 5-91　幕墙工程

立柱和横梁等主要受力构件其截面受力部分的壁厚应经计算确定，且铝合金型材壁厚不应小于3.0mm，钢型材壁厚不应小于3.5mm。防火层应采取隔离措施，防火层的衬板应采用经防腐处理且厚度不小于1.5mm的钢板，不得采用铝板。

有排水要求的部位应做滴水线（槽），滴水线（槽）应整齐顺直。滴水线应内高外低，滴水槽的宽度和深度均不应小于10mm。如图5-92所示。

阳角采用转角砖或45°切割

外墙瓷砖

10

滴水线(水泥石粉抹缝)

12

图 5-92　滴水线大样图

5.9　外墙外保温工程技术规程

5.9.1　性能要求

外墙外保温系统经耐候性试验后，不得出现饰面层起泡或剥落、保护层空鼓或脱落等破坏，不得产生渗水裂缝。具有薄抹面层的外保温系统，抹面层与保温层的拉伸粘结强度不得小于 **0.1MPa**，并且破坏部位应位于保温层内。如图 5-93 所示。

EPS板(聚苯板)现浇混凝土外墙外保温系统现场粘结强度不得小于0.1MPa，并且破坏部位应位于EPS板内

图 5-93　外墙外保温施工

5.9.2　设计与施工

设计选用外保温系统时，不得更改系统构造和组成材料。

外保温复合墙体的热工和节能设计应符合下列规定：

（1）保温层内表面温度应高于 0℃；

（2）外保温系统应包覆门窗框外侧洞口、女儿墙以及封闭阳台等热桥部位；

（3）对于机械固定 EPS 钢丝网架板外墙外保温系统，应考虑固定件、承托件的热桥影响。

外保温工程施工期间以及完工后 **24h** 内，基层及环境空气温度不应低于 **5℃**。夏季应避免阳光暴晒。在 5 级以上大风天气和雨天不得施工。

5.9.3 EPS 板薄抹灰外墙外保温系统

EPS 板薄抹灰外墙外保温系统（以下简称 EPS 板薄抹灰系统）由 EPS 板保温层、薄抹面层和饰面涂层构成，EPS 板用胶粘剂固定在基层上，薄抹面层中满铺玻纤网。

胶粘剂与水泥砂浆的拉伸粘结强度在干燥状态下不得小于 0.6MPa，浸水 48h 后不得小于 0.4MPa；与 EPS 板的拉伸粘结强度在干燥状态和浸水 48h 后均不得小于 0.1MPa，并且破坏部位应位于 EPS 板内。如图 5-94 所示。

玻纤网经向和纬向耐碱拉伸断裂强力均不得小于 750N/50mm，耐碱拉伸断裂强力保留率均不得小于 50%。

玻纤网经向和纬向耐碱拉伸断裂强力均不得小于 750N/50mm，耐碱拉伸断裂强力保留率均不得小于50%

图 5-94　挂网抹灰施工

对于具有薄抹面层的系统，保护层厚度应不小于 3mm 并且不宜大于 6mm。对于具有厚抹面层的系统，厚抹面层厚度应为25～30mm。如图 5-95 所示。

粘贴 EPS 板时，**应将胶粘剂涂在 EPS 板背面，涂胶粘剂面积不得小于 EPS 板面积的 40%。**如图 5-96 所示。

外保温工程施工期间以及完工后24h内，基层及环境空气温度不应低于5℃。夏季应避免阳光暴晒。在5级以上大风天气和雨天不得施工

图 5-95　外保温施工

图 5-96　粘贴 EPS 板

门窗洞口四角处 EPS 板不得拼接，应采用整块 EPS 板切割成形，EPS 板接缝应离开角部至少 200mm。如图 5-97 所示。

5.9.4 机械固定 EPS 钢丝网架板外墙外保温系统

机械固定系统锚栓、预埋金属固定件数量应通过试验确定，并且每平方米不应小于 7 个。单个锚栓拔出力和基层力学性能应符合设计要求。如图 5-98 所示。

图 5-97　EPS板面砖饰面外墙外保温施工

机械固定系统金属固定件、钢筋网片、金属锚栓和承托件应作防锈处理

图 5-98　金属固定件 1

机械固定系统金属固定件、钢筋网片、金属锚栓和承托件应作防锈处理。如图 5-99 所示。

5.9.5　工程验收

分项工程应以每 $500\sim1000m^2$ 划分为一个检验批，不足 $500m^2$ 也应为一个检验批；每个检验批每 $100m^2$ 应至少抽查 1 处，每处不得小于 $10m^2$。如图 5-100 所示。

图 5-99　金属固定件 2

图 5-100　外墙保温现场图

外保温系统主要组成材料复检项目见表 5-6。

表 5-6

组成材料	复检项目
EPS 板	密度,抗拉强度,尺寸稳定性。用于无网现浇系统时,加验界面砂浆喷刷质量
胶粉 EPS 颗粒保温浆料	湿密度,干密度,压缩性能
EPS 钢丝网架板	EPC 板密度,EPS 钢丝网架板外观质量
胶粘剂、抹面胶浆、抗裂砂浆、界面砂浆	干燥状态和浸水 48h 拉伸粘结强度
玻纤网	耐碱拉伸断裂强力,耐碱拉伸断裂强力保留率
腹丝	镀锌层厚度

注：1. 胶粘剂、抹面胶浆、抗裂砂浆、界面砂浆制样后养护 7d 进行拉伸粘结强度检验。发生争议时,以养护 28d 为准；

2. 玻纤网按附录 A 第 A.12.3 条检验。发生争议时,以第 A.12.1 条方法为准。

6 其他较重要的规范

6.1 建筑地基基础工程施工质量验收规范

为加强工程质量监督管理，统一地基基础工程施工质量验收，保证工程质量，制定《建筑地基工程施工质量验收标准》GB 50202—2018，自 2002 年 5 月 1 日开始实施，并制定《建筑地基处理技术规范》JGJ 79—2012，自 2013 年 6 月 1 日开始实施。

6.1.1 地基准备工作

地基基础工程施工前，必须具备完备的地质勘察资料及工程附近管线、建筑物、构筑物和其他公共设施的构造情况，必要时应作施工勘察和调查，以确保工程质量及邻近建筑的安全。建筑物地基的施工应具备岩土工程勘察资料以及邻近建筑物和地下设施类型、分布及结构情况资料。

6.1.2 地基的间歇期

地基施工结束后，有一个间歇期，在间歇期后可以验收，具体间歇期由设计定。地基施工间歇期的确定主要考虑地基土的密实、空隙水压力的消散、水泥或化学砂浆液的固结等因素。

6.1.3 基础加固

基础加固工程，应在正式施工前进行试验施工，论证施工参数及加固效果。同时为验证加固效果应进行荷载试验，试验荷载不小于设计荷载的 2 倍。

图 6-1 基础结构施工对邻近结构的影响

6.1.4 常见的地基

常见的地基有：灰土地基、砂和砂石地基、土工合成材料地基、粉煤灰地基、强夯地基、注浆地基、预压地基、振冲地基、高压喷射注浆地基、水泥土搅拌桩地基、土和灰土挤密桩复合地基、水泥粉煤灰碎石桩复合地基、夯实水泥土桩复合地基和砂桩地基。

地基的定义：地基是指建筑物下面支承基础的土体或岩体。作为建筑地基的土层分为岩石、碎石土、砂土、粉土、黏性土和人工填土。地基有天然地基和人工地基两类。天然地基是不需要人加固的天然土层。人工地基需要人加固处理，常见的有石屑垫层、砂垫层、混合灰土回填再夯实等。

那么从工程地质学对它更专业的定义：由于建筑物的兴建，导致岩土中某一范围内原来的应力状态发生了变化。这部分由建筑物荷载引起应力变化的岩土体叫做地基。

地基基础工程施工前，必须具备完备的地质勘察资料及工程附近管线、建筑物、构筑物和其他公共设施的构造情况，必要时应作施工勘察和调查，以确保工程质量及邻近建筑的安全。近几年由于地质资料不详或对邻近建筑物和设施没有充分重视而造成的基础工程质量事故或邻近建筑物、公共设施的破坏事故，屡有发生（见图6-1）。

6.1.5 常见的复合地基

对于水泥土搅拌桩复合地基、高压喷射注浆桩复合地基、砂桩地基、振冲桩复合地基、土和灰土挤密桩复合地基、水泥粉煤灰碎石桩复合地基及夯实水泥土桩复合地基，其承载力检验数量为总数为1‰～1.5‰，但不应少于3根。

6.1.6 地基承载力的检验

对于灰土地基、砂和砂石地基、土工合成材料地基、粉煤灰地基、强夯地基、注浆地基、预压地基，其竣工后的结果（地基强度或承载力）必须达到设计要求的标准。地基承载力检验数量：每单位工程不应少于3点；1000m²以上工程，每100m²至少应有1点；3000m²以上工程，每300m²至少应有1点；每一独立基础下至少应有1点；基槽每20延米应有1点。基础承载力可采用轻型动力触探法检验（见图6-2），也可采用静载试验法检验（见图6-3）。

灰土地基是将基础底面下要求范围内的软弱土层挖去，用一定比例的石灰和土在最优含水量的情况下充分拌合，分层回填夯实或压实而成，是具有一定强度、水稳性和抗渗性的地基。灰土地基中使用的灰土土料、石灰、水泥等材料及配合比应符合设计要求，灰土应搅拌均匀（见图6-4）。灰土的土料宜采用黏土、粉质黏土。严禁采用冻土、膨胀土和盐泽土等活动性较强的土料，铺设厚度根据夯实机具的具体使用来确定，但是最大不超过300mm，最小不超过200mm。

> 对于灰土地基、砂和砂石地基、土工合成材料地基、粉煤灰地基、强夯地基、注浆地基、预压地基，其竣工后的结果（地基强度或承载力）必须达到设计要求的标准

图6-2 基础承载力——轻型动力触探

图6-3 基础承载力静载试验

灰土及拌合物要完全搅拌均匀

图 6-4　灰土地基现场的搅拌

注意砂石料的有机质含量、砂石含泥量和粒径及含水量

施工过程中必须检查分层厚度、分段施工时搭接部分的压实情况、加水量、压实遍数、压实系数

单次填筑厚度控制点

图 6-5　砂和砂砾石地基

6.1.7　砂或砂砾石地基

砂或砂砾石（或碎石）混合物，经分层夯实，作为地基的持力层。其特点是：可提高基础下部地基强度，减小变形量，加速下部土层的沉降和固结，且施工工艺简单，可缩短工期，降低工程造价等。砂和砂砾石地基：原材料宜用中砂、粗砂、砾砂、碎石（卵石）、石屑（见图 6-5）。细砂应同时掺入 25％～35％的碎石或卵石。对地下土层的要求：不能是湿陷性黄土或者渗透系数较小的黏性土。因为砂砾石和砂的透水性强，建筑物遇水后，渗透至地基以下，会使地下不动土沉降（承载力降低），对建筑物稳定性不利。

施工过程中应检查清基、回填料铺设厚度及平整度、土工合成材料的铺设方向、接缝搭接长度或缝接状况、土工合成材料与结构的连接状况等

图 6-6　土工合成材料地基

6.1.8　土工合成材料地基的性能

土工合成材料地基在施工前应对土工合成材料的物理性能（单位面积的质量、厚度、密度）、强度、延伸率以及土、砂石料等做检验。土工合成材料以 $100m^2$ 为一批，每批应抽查 5％。

土工合成材料地基又称土工聚合物地基、土工织物地基（见图 6-6），系在软弱地基中或边坡上埋设土工织物作为加筋，形成弹性复合土体，起到排水、反滤、隔离、加固和补强等作用，以提高土体承载力，减少沉降和增加地基的稳定。图 6-7 为土工织物加固地基、边坡的几种应用。土工织物具有毛细作用，内部具有大小不等的网眼，有较好的渗透性（水平向 $1×10^{-1}～1×10^{-3}cm/s$）和良好的疏导作用，水可竖向、横向排出。材料为工厂制品，材质易保证，施工简便，造价较低，与砂垫层相比可节省大量砂石材料，节省费用 1/3 左右。用于加固软弱地基或边坡，作为加筋形成复合地基，可提高土体强度，承载力增大 3～4 倍，显著地减少沉降，提高地基稳定性。但土工聚合物抗紫外线（老化）能力较弱，如埋在土中不受阳光紫外线照射，则不受影响，可使用 40 年以上。

6.1.9 垫层底部及基槽的处理

当垫层底部存在古井、古墓、洞穴、旧基础、暗塘等软硬不均匀的部位时，应根据建筑物对不均匀沉降的控制要求予以处理，并经检验合格后，方可铺填垫层。见图1-81。

6.1.10 水泥土搅拌桩的控制要素

水泥土搅拌桩施工前应检查水泥及外掺剂的质量、桩位、搅拌机工作性能及各种计量设备完好程度（主要是水泥浆流量计及其

图 6-7 地基换填

他计量装置）。水泥土搅拌桩对水泥压入量要求较高，必须在施工机械上配置流量控制仪表，以保证水泥的用量和搅拌机头的提升速率。水泥土搅拌桩地基质量检验标准见表6-1。

水泥土搅拌桩地基质量检验标准   表 6-1

项目	序号	检查项目	允许偏差或允许值		检 查 方 法
			单位	数值	
主控项目	1	水泥及外掺剂质量	设计要求		查产品合格证书或抽样送检
	2	水泥用量	参数指标		查看流量计
	3	桩体强度	设计要求		按规定办法
	4	地基承载力	设计要求		按规定办法
一般项目	1	机头提升速度	m/min	≤0.5	量机头上升距离及时间
	2	桩底标高	mm	±200	测机头深度
	3	桩顶标高	mm	±100 −50	水准仪(最上部500mm不计入)
	4	桩位偏差	mm	<50	用钢尺量
	5	桩径		<0.04D	用钢尺量,D 为桩径
	6	垂直度	%	≤1.5	经纬仪
	7	搭接	mm	>200	用钢尺量

6.1.11 水泥土搅拌桩的适用范围

水泥土搅拌桩适用于淤泥质土、饱和黄土、黏性土等。这是用于加固饱和软黏土地基的一种方法，利用水泥作为固化剂，通过特制的搅拌机械，在地基深处将软土和固化剂强制搅拌，利用固化剂和软土之间所产生的一系列物理化学反应，使软土硬结成具有整体性、水稳定性和一定强度的优质地基（见图6-8）。

水泥加固土的基本原理是基于水泥加固土的物理化学反应过程，它与混凝土硬化机理不同，由于水泥掺量少，水泥是在具有一定活性的介质——土的围绕下进行反应，硬化速

度较慢，且作用复杂，水泥水解和水化生成各种水化合物后，有的又发生离子交换和团粒化作用以及凝硬反应，使水泥土强度大大提高。

施工中应检查机头提升速度、水泥浆或水泥注入量、搅拌桩的长度及标高。施工结束后，应检查桩体强度、桩体直径及地基承载力

图 6-8　水泥土搅拌桩地基成型

6.1.12　水泥粉煤灰碎石桩复合地基

水泥粉煤灰碎石桩复合地基（见图 6-9）和其他地基一样，首先要保证原材料的合格，在施工中检查桩身混合料的配合比、坍落度和提拔钻杆速度、成孔深度、混合料灌入量等。水泥粉煤灰碎石桩工艺流程如图 6-10 所示。

水泥粉煤灰碎石桩复合地基适用于处理黏土、粉土、砂土和自重固结已完成的素填土地基。对淤泥质土按地区经验或通过现场实验确定其实用性。

水泥粉煤灰碎石桩（英文：Cement Fly-ash Gravel Pile，简称 CFG 桩）是在碎石桩的基础上发展起来的，以一定配合比的石屑、粉煤灰和少量的水泥加水拌合后制成的一种具有一定胶结强度的桩体。水泥粉煤灰碎石桩的适用范围很广，在砂土、粉土、黏土、淤

水泥粉煤灰碎石桩复合地基施工中应检查桩身混合料的配合比、坍落度和提拔钻杆速度（或提拔套管速度）、成孔深度、混合料灌入量等

施工结束后，应对桩顶标高、桩位、桩体质量、地基承载力以及褥垫层的质量做检查

图 6-9　水泥粉煤灰碎石桩复合地基

图 6-10　水泥粉煤灰碎石桩工艺流程
（a）打入桩管；（b）、（c）灌粉煤灰碎石振动拔管；（d）成桩
1—桩管；2—粉煤灰碎石桩

泥质土、杂填土等地基均有大量成功应用的实例。

水泥粉煤灰碎石桩复合地基施工质量控制指标：混合料的坍落度、桩数、桩位偏差、褥垫层厚度、夯填度和桩体试块抗压强度。竣工后对复合地基承载力检验应采用静载荷试验和单桩静载荷试验。检验在施工结束 28d 后，数量不少于 3% 且不少于 3 点。同时采用低应变试验检测桩身完整性，数量不少于 10%。水泥粉煤灰碎石桩复合地基质量检验标准见表 6-2。

水泥粉煤灰碎石桩复合地基质量检验标准 表 6-2

| 项目 | 序号 | 检查项目 | 允许偏差或允许值 | | 检 查 方 法 |
			单位	数值	
主控项目	1	原材料	设计要求		查产品合格证或抽样送检
	2	桩径	mm	−20	用钢尺量或计算填料量
	3	桩身强度	设计要求		查 28d 试块强度
	4	地基承载力	设计要求		按规定的办法
一般项目	1	桩身完整性	按桩基检测技术规范		按桩基检测技术规范
	2	桩位偏差	满堂布桩≤0.04D 条基布桩≤0.25D		用钢尺量，D 为桩径
	3	桩垂直度	%	≤1.5	用经纬仪测桩管
	4	桩长	mm	+100	测桩管长度或垂球测孔深
	5	褥垫层夯填度	≤0.9		用钢尺量

注：1. 褥垫层夯填度指夯实后的褥垫层厚度与虚体厚度的比值；
    2. 桩径允许偏差负值是指个别断面。

6.1.13 灌注桩的标高控制

灌注桩的桩顶标高至少要比设计标高高出 0.5m，每浇筑 50m³ 必须有 1 组试件，小于 50m³ 的桩，每根桩必须有 1 组试件。混凝土灌注桩如图 6-11 所示。

垂直度的检查

图 6-11 混凝土灌注桩

6.1.14 工程桩的检验

工程桩必须进行承载力检验。对于地基基础设计等级为甲级或地质条件复杂，成桩质

建筑施工常用规范重点条文解析与应用（第二版）

量可靠性低的灌注桩，应采用静载荷试验的方法进行检验，检验桩数不应少于总数的1%，且不应少于3根，当总桩数少于50根时，不应少于2根。

桩身质量应进行检验。对设计等级为甲级或地质条件复杂，成桩质量可靠性低的灌注桩，抽检数量不应少于总数的30%，且不应少于20根；其他桩基工程的抽检数量不应少于总数的20%，且不应少于10根；对混凝土预制桩及地下水位以上，且终孔后经过核验的灌注桩，抽检数量不应少于总数的10%，且不得少于10根。每个柱子承台下不得少于1根。混凝土灌注桩质量检验标准见表6-3。

混凝土灌注桩在施工前同样应对原材料进行检验，符合设计要求才准予使用，混凝土灌注桩的质量检验应较其他桩种严格，这是工艺本身的要求（见图6-12），再则在实际施工中事故也较多，因此检测手段要先落实。施工中应对成孔、清渣、放置钢筋笼、灌注混凝土等进行全过程检查，人工挖孔桩（见图6-13）尚应复验孔底持力层岩（土）性。嵌岩桩必须有桩端持力层的岩性报告。

图 6-12　混凝土灌注桩工艺流程

（a）安设导管（导管底部与孔底之间留出300~500mm空隙）；（b）悬挂隔水栓，使其与导管内面紧贴；

（c）灌入首批混凝土；（d）剪段铁丝，隔水栓下落孔底；（e）连续灌注混凝土，上提导管；

（f）混凝土灌注完毕，拔出护筒

沉渣厚度应在钢筋笼放入后、混凝土浇筑前测定，成孔结束后，放钢筋笼、混凝土导管都会造成土体跌落，增加沉渣厚度，因此，沉渣厚度应是二次清孔后的结果。沉渣厚度的检查目前均采用重锤，有些地方采用较先进的沉渣仪，这种仪器应预先做标定。

图 6-13　人工挖孔桩工艺流程

6.1.15 人工挖孔桩的相关要求

一般对持力层有要求，而且到孔底察看土性是有条件的。施工结束后，应检查混凝土强度，并应做桩体质量及承载力的检验。钢筋笼是在现场加工制作的，不是加工后运到现场的，钢筋主筋间距和长度允许误差为±10mm，箍筋间距允许误差为±20mm。

人工挖孔桩的要求 表 6-3

项目	序号	检查项目	允许偏差或允许值		检 查 方 法
			单位	数值	
主控项目	1	桩位	见 GB 50202—2018 表 5.1.4		基坑开挖前量护筒，开挖后量桩中心
	2	孔深	mm	+300	只深不浅，用重锤测，或测钻杆，套管长度，嵌岩桩应确保进入设计要求的嵌岩深度
	3	桩体质量检验	按基桩检测技术规范。如钻芯取样。大直径嵌岩桩应钻至桩尖下 50mm		按基桩检测技术规范
	4	混凝土强度	设计要求		试件报告或钻芯取样送检
	5	承载力	按基桩检测技术规范		按基桩检测技术规范
一般项目	1	垂直度	见 GB 50202—2018 表 5.1.4		测大管或钻杆，或用超声波探测，干施工时吊垂球
	2	桩径	见 GB 50202—2018 表 5.1.4		井径仪或超声波检测，干施工时吊垂球
	3	泥浆密度（黏土或砂性土中）	1.15～1.20		用比重计测，清孔后在距孔底 50cm 处取样
	4	泥浆面标高（高于地下水位）	m	0.5～1.0	目测
	5	沉渣厚度：端承桩、摩擦桩	mm mm	≤50 ≤150	用沉渣仪或重锤测量
	6	混凝土坍落度：水下灌注干施工	mm mm	160～220 70～100	坍落度低
	7	钢筋笼安装深度	mm	±100	用钢尺量
	8	混凝土充盈系数	>1		检查每根桩的实际灌注量
	9	桩顶标高	mm	+30 −50	水准仪，需扣除桩顶浮浆层及劣质桩体

人工挖孔桩和嵌岩桩的质量检验也执行混凝土灌注桩质量标准。

6.1.16 土方施工

土方工程施工前应进行挖填方的平衡计算，综合考虑土方运距最短、运程合理和各个工程项目的合理施工程序等，做好土方平衡调配，减少重复挖运。为了配合城乡建设的发展，土方平衡调配应尽可能与当地市、镇规划和农田水利等结合，将余土一次性运到指定弃土场，做到文明施工。

土方开挖前应检查定位放线、排水和降低地下水位系统，合理安排土方运输车的行走路线和弃土场，同时要控制平面位置、水平标高、边坡坡度、压实度，并随时观测周围的环境变化，注意边坡的支护。临时性挖方边坡值要求见表6-4。

临时性挖方边坡值   表 6-4

土的类别		边坡值（高：宽）
砂土(不包括细砂、粉砂)		1：1.25～1：1.50
一般性黏土	硬	1：0.75～1：1.00
	硬塑	1：1.00～1：1.25
	软	1：1.150 或更缓
碎石类土	充填坚硬、硬塑黏性土	1：0.50～1：1.00
	充填砂地土	1：1.00～1：1.50

注：1. 设计有要求时，应符合设计要求；

    2. 如采用降水或其他加固措施，可不受本表限制，但应计算复核；

    3. 开挖深度，对软土不应超过 4cm，对硬土不应超过 8cm。

6.1.17 平整场地的要求

平整场地（见图 6-14）后的表面坡度应符合设计要求，如设计无要求时，排水沟方向的坡度不应小于 2‰。平整后的场地表面应逐点检查。检查点为每 100～400m² 取 1 点，不应少于 10 点；长度、宽度和边坡均为每 20m 取 1 点，每边不应少于 1 点。

> 土方工程施工，应经常测量和校核其平面位置、水平标高和边坡坡度。平面控制桩和水准控制点采取可靠的保护措施，定期复测和检查。土方不应堆在基坑边坡处

图 6-14 平整场地

6.1.18 开挖工程

在基坑（槽）或管沟等开挖施工中，现场不宜进行放坡开挖，当可能对邻近建（构）筑物、地下管线、永久性道路产生危害时，应对基坑（槽）、管沟进行支护后再开挖。土方开挖的顺序、方法必须与设计工况相一致，并遵循"开槽支撑，先撑后挖，分层开挖，严禁超挖，对称开挖"的原则。在施工过程中基坑（槽）、管沟边堆置土方不应超过设计荷载，挖方时不应碰撞或损伤支护结构、降水设施。基坑（槽）、管沟开挖至设计标高后，应对坑底进行保护，经验槽合格后，方可进行垫层施工。对特大型基坑，宜分区分块挖至设计标高，分区分块及时浇筑垫层。必要时，可加强垫层。同时注意基坑的排水工作。基坑的分类及变形监控值如表 6-5 所示。

基坑的分类及变形监控值　　　　　　　　　　　　表 6-5

基坑类别	围护结构墙顶位移监控值(mm)	围护结构墙体最大位移监控值(mm)	地面最大沉降监控值(mm)
一级基坑	3	5	3
二级基坑	6	8	6
三级基坑	8	10	10

注：1. 符合下列情况之一，为一级基坑：
　　　1）重要工程或支护结构作主体结构的一部分；
　　　2）开挖深度大于 10m；
　　　3）与邻近建筑物、重要设施的距离在开挖深度以内的基坑；
　　　4）基坑范围内有历史文物、近代优秀建筑、重要管线等需严加保护的基坑；
　　2. 三级基坑为开挖深度小于 7m，且周围环境无特别要求的基坑；
　　3. 除一级和三级以外的基坑属于二级基坑；
　　4. 当周围已有的设施有特殊要求时，尚应符合这些要求。

6.1.19　基坑的几种支护方式

基坑的常见支护方式有：排桩墙支护、水泥土桩墙支护、锚杆及土钉墙支护、钢筋混凝土支撑系统和地下连续墙。

6.1.20　土方回填

土方回填前应清除基底的垃圾、树根等杂物，抽除坑穴积水、淤泥，验收基底标高。如在耕植土或松土上填方，应在基底压实后再进行。填方土料应按设计要求验收后方可填入。填方施工过程中应检查排水措施，每层填筑厚度、含水量控制、压实程度、填筑厚度及压实遍数应根据土质、压实系数及所用机具确定（表 6-6）。

填土施工时的分层厚度及压实遍数　　　　　　　　表 6-6

压实机具	分层厚度(mm)	每层压实遍数
平碾	250~300	6~8
振动压实机	250~350	3~1
柴油打夯机	200~250	3~1
人工打夯	<200	3~1

填方工程的施工参数如每层填筑厚度、压实遍数及压实系数对重要工程均应做现场试验后确定，或由设计提供。填方工程施工结束后，应检查标高、边坡坡度、压实程度等，检验标准应符合相关规定。

6.1.21　水泥土桩墙

水泥土桩墙是深基坑支护的一种，其依靠自重和刚度保护基坑土壁安全（见图 6-15）。一般不设支撑，特殊情

图 6-15　水泥土桩墙支护

况下经采取措施后可局部加设支撑。水泥土桩墙分深层搅拌水泥土桩墙和高压旋喷桩墙等类型，通常呈格构式布置。

水泥土桩墙的适用范围为：基坑侧壁安全等级宜为二、三级；水泥土桩施工范围内地基土承载力不宜大于 150kPa；基坑深度不宜大于 6m。

6.1.22　锚杆支护

锚杆支护是在边坡、岩土深基坑等地表工程及隧道、采场等地下硐室施工中采用的一

图 6-16　锚杆支护

种加固支护方式（见图 6-16）。用金属件、木件、聚合物件或其他材料制成杆柱，打入地表岩体或硐室周围岩体预先钻好的孔中，利用其头部、杆体的特殊构造和尾部托板（亦可不用），或依赖于粘结作用将围岩与稳定岩体结合在一起而产生悬吊效果、组合梁效果、补强效果，以达到支护的目的。具有成本低、

支护效果好、操作简便、使用灵活、占用施工净空少等优点。见图 6-17，图 6-18。

图 6-17　基坑的回填和边坡的喷锚

图 6-18　基坑的挂网喷锚支护

6.2　基坑土钉支护技术规程

为使土钉支护用于基坑工程做到技术先进、经济合理、安全可靠和确保质量，特制定《基坑土钉支护技术规程》CECS 96：97。本规程适用于基坑直立开挖或陡坡开挖时临时性土钉支护的设计与施工，采用以钢筋作为中心钉体的钻孔注浆型土钉，基坑的深度不宜超过 18m，使用期限不宜超过 18 个月。对于其他类型的土钉如注浆的钢管击入型土钉或不注浆的角钢击入型土钉，可参照本规程的基本计算原则进行支护的稳定性分析。

6.2.1　土钉

土钉：用来加固或同时锚固现场原位土体的细长杆件。通常采取土中钻孔、置入变形钢筋（即带肋钢筋）并沿孔全长注浆的方法做成。土钉依靠与土体之间的界面黏结力或摩擦力，在土体发生变形的条件下被动受力，并主要承受拉力作用。土钉也可用钢管、角钢

等作为钉体，采用直接击入的方法置入土中。

土钉支护：以土钉作为主要受力构件的边坡支护技术，它由密集的土钉群、被加固的原位土体、喷混凝土面层和必要的防水系统组成。

6.2.2 土钉墙

由天然土体通过土钉就地加固并与喷射混凝土面板相结合，形成一个类似重力挡墙的墙体以此来抵抗墙后的土压力，从而保持开挖面的稳定，这个土挡墙就称为土钉墙。土钉墙是通过钻孔、插筋、注浆来设置的，一般称砂浆锚杆。土钉墙的做法与矿山加固坑道用的喷锚网加固岩体的做法类似，故也称为喷锚网加固边坡或喷锚网挡墙，《建筑基坑支护技术规程》JGJ 120—1999 正式定名为土钉墙。

6.2.3 基坑开挖方案及支护方案

基坑开挖方案及土钉墙支护方案的采用事先要充分熟悉和掌握基坑周边的环境状态。如基坑开挖影响范围内的原有建筑物、构筑物、道路、地下设施、各种地下管线、岩土体及地下水等情况以及边缘的滑塌、土体变形可能造成的危害要有充分的估计，以及必要的防护措施。通常对场地周边的排水、截水、降低地下水位，附近建筑物的沉降观测，道路、地下管线的下沉、变形，防止管线破裂都要采取监控，防止意外事故的发生。

6.2.4 土钉和锚杆异同

土钉和锚杆工作的异同点：土钉是护土，锚杆是进入岩石，它们的计算方法不一样、稳固能力大小不同，施工方法相似。

土钉的孔径控制在 75～150mm 之间，注浆强度不低于 12MPa。

6.3 建筑抗震加固技术规程

6.3.1 总则

1. 建筑工程加固要求

为贯彻执行国家有关防震减灾的法律法规，实行以预防为主的方针，减轻地震破坏，减少损失，使现有建筑的抗震加固做到抗震安全、经济、合理、有效、实用，制定本规程。

2. 抗震范围

本规程适用于抗震设防烈度为 6～9 度的地区。

6.3.2 加固分类

（1）墙板加固法：在砌体墙表面浇筑或喷射钢筋混凝土的加固方法。见图 6-19。

（2）外加柱加固法：在砌体墙交接处增设钢筋混凝土构造柱的方法。见图 6-20。

（3）壁柱加固法：在砌体墙垛（柱）侧面增设钢筋混凝土柱的加固方法。见图 6-21。

（4）混凝土套加固法：在原有的钢筋混凝土梁柱或砌体柱外包一定厚度的钢筋混凝土的加固方法。见图 6-22。

钢筋网与墙体固定时采用L形φ8构造锚固钢筋，锚入墙体150mm，竖向钢筋应连续贯通穿过楼板，钢筋网外表保护层厚度一般为30mm，钢筋混凝土墙板部分伸入地下，与基础连接

门窗洞口处，用U形或L形钢筋在距洞边50～100mm范围内穿过或锚固

外加柱与圈梁或锚杆连成封闭整体，外加柱与墙体必须连接，可在楼层1/3和2/3层高处同时设置拉结钢筋与墙体连接，浇筑混凝土不应低于原构件强度等级

图 6-19　墙板加固法效果图

图 6-20　外加柱加固法效果图

壁柱应从底层设起，沿墙垛（柱）全高贯通，在楼、屋盖处应与梁、楼和屋盖拉结，壁柱应设基础，当埋深与外墙基础不平时，不得浅于冻结深度

浇筑前将柱表面凿毛，使新旧混凝土可靠连接

钢筋焊接人员应有焊工证，主筋和箍筋均匀排布，绑扎牢固，焊接接头相互错开，在同一截面内的钢筋接头百分率不应大于50%

图 6-21　壁柱加固法效果图

图 6-22　混凝土套加固法效果图

（5）钢构套加固法：在原有的钢筋混凝土梁柱或砌体柱外包角钢、扁钢等制成的构架的加固方法。见图 6-23。

（6）碳纤维加固法：在原有的梁、顶、墙部位进行加固。见图 6-24。

混凝土表面打毛，清理表面浮尘，钢板上均匀涂抹 1～3mm 厚结构胶，中间厚，边缘薄，粘贴于混凝土表面，钢板焊接完成后表面刷防锈漆

碳纤维每段长度不宜超过 6m，纵向接头必须搭接 200mm 以上，横向不需要搭接

将构件表面凸出部分打磨平整，将配好的粘接剂用滚筒均匀涂刷在需要粘结的混凝土表面，粘贴时，碳纤维和树脂之间不能有空气，可用罗拉沿着碳维方向在碳纤维材料上滚压多次，使树脂渗入碳纤维中

图 6-23　钢构套加固法效果图　　　　　图 6-24　碳纤维加固法效果图

6.3.3　加固材料要求

抗震加固所用的材料应符合下列要求：

（1）黏土砖的强度等级不应低于 MU7.5；粉煤灰中型实心砌块和混凝土中型空心砌块的强度等级不应低于 MU10，混凝土小型空心砌块的强度等级不应低于 MU5；砌体的砂浆强度等级不应低于 M2.5。

（2）钢筋混凝土强度等级不应低于 C30，钢筋宜采用 Ⅱ 级以上钢。

（3）加固所用材料的强度等级不应低于原构件材料的强度等级。

6.3.4　加固施工要求

抗震加固的施工应符合下列要求：

（1）施工时应采取避免或减少损伤原结构的措施。

（2）施工中发现原结构或相关工程隐蔽部位的构造有严重缺陷时，应暂停施工，在会同加固设计单位采取有效措施处理后方可继续施工。

（3）当可能出现倾斜、开裂或倒塌等不安全因素时，施工前应采取安全措施。

6.4　电梯工程施工质量验收规范

6.4.1　总则

本规范应与国家标准《建筑工程施工质量验收统一标准》GB 50300—2013 配套使用。

6.4.2 电梯安装

电梯安装工程质量验收除应执行本规范外，尚应符合现行有关国家标准的规定。

（1）电梯安装前应先检验电梯井是否符合安装条件。见图6-25。

（2）电梯安装人员要经过培训。见图6-26。

安装前应由监理单位（建设单位）、土建单位、安装单位共同对电梯井道和机房按规范进行检查，对电梯安装条件做出确认

作业人员必须服从统一指挥，不得做与本工作无关的事，工作时要穿防滑鞋，戴好安全帽，在高空要系好安全带

了解电梯的概况、原理和构造，液压、杂物、防爆电梯、自动扶梯及人行道概述，电梯的安装与调试，实际运用与分析

图6-25 电梯安装前检验

图6-26 电梯安装人员培训

（3）电梯井道样板安装及基准线挂设：搭设样板架、测量井道、确定基准线、样板就位、放基准线。见图6-27。

在井道顶板下1.2m左右处用膨胀螺栓将角钢水平固定在井道壁上，样板支架方木端部应垫实找平

每根导轨至少有两个导轨支架，其间距在2～2.5m之间，导轨支架水平度不大于1.5%，导轨支架的地脚螺栓或支架直接埋入深度不应小于120mm，如果用焊接支架则焊缝必须是连续的，并应双面焊牢

图6-27 样板安装效果图

图6-28 导轨安装效果图

（4）安装导轨支架前，要复核由样板上放下的基准线，底坑架设导轨槽钢基础底座必须找平垫实。见图6-28。

（5）轿厢安装包含：底梁安装、立柱安装、上梁安装、轿厢地盘安装、导靴安装、围扇安装、轿门安装、轿顶装置安装、限位开关碰铁安装、超载满载开关安装及调整。见图6-29。

（6）厅门安装按要求由样板放两根厅门安装基准线，在厅门地坎上划出净门口宽度线

及厅门中心线，在相应的位置打上 3 个卧点，以基准线为准固定厅门位置。见图 6-30。

在机房承重梁上相应位置横向固定一根直径不小于 φ50 的圆钢或 φ75×4 的钢管，由轿厢中心绳孔处放下钢丝绳扣（不小于 φ13），并挂一个 3t 倒链，安装轿厢使用

由样板放两根厅门安装基准线，在厅门地坎上划出净门口宽度线及厅门中心线，以基准线确定地坎、牛腿及牛腿支架，若厅门无混凝土牛腿，要在预埋铁架上焊支架，安装钢牛腿来稳装地坎

图 6-29　轿厢安装效果图

图 6-30　厅门安装效果图

（7）电梯检测、试验、运行：电梯机械设备检查、电气动作试验、慢速负荷试车、快速负荷试车、自动门的调整、平层的调整等应符合《电梯工程施工质量验收规范》GB 50310—2002 的要求。见图 6-31。

（8）成品电梯外观验收。见图 6-32。

当轿厢超速下行时，限速器迫使电梯拽引机停止运行，并且带动安全钳将轿厢停滞于导轨上，应当进行运行速度测试、运行试验、超载试验等

图 6-31　电梯检测、试验效果图

图 6-32　成品电梯效果图

6.5　塑料门窗工程技术规程

6.5.1　密封条安装

为保证塑料门窗安装施工的质量，做到技术先进，经济合理，安全可靠，建筑塑料门

窗的安装及验收，除应按照《塑料门窗工程技术规程》JCJ 103—2008 的规定执行外，尚应符合国家现行有关标准、规范的规定。见图 6-33。

> 密封条安装时严禁牵拉，密封条剪断时适当留有长度1%～2%的收缩余量，嵌压在型材支臂侧面的密封条小脚一定要入槽，并不得卷边

图 6-33　门窗材料

6.5.2　材料要求

（1）紧固件、五金件、增强型钢及金属衬板等应进行表面防腐处理，紧固件的镀层金属及其厚度宜符合现行国家标准《紧固件　电镀层》GB/T 5267.1—2002 的有关规定。见图 6-34。五金件型号、规格和性能均应符合国家现行标准的有关规定，滑撑铰链不得使用铝合金型材。见图 6-35。

图 6-34　紧固件

> 五金件的防腐应符合设计要求，厚度、宽度等应符合要求

图 6-35　五金件

（2）门窗的质量要求：门窗的外观、外形尺寸、装配质量、力学性能应符合国家现行标准的有关规定，门窗中竖框、中横框或拼樘料等主要受力杆件中的增强型钢，应在产品说明中注明规格、尺寸。见图 6-36。窗的构造尺寸应包括预留洞口与待安装窗框的间隙及墙体饰面的厚度，其间隙应符合表 6-7 的规定。

门窗安装后应进行抗风压、空气渗透、雨水渗漏 3 项基本物理性能检测

图 6-36　有护栏外窗

洞口与窗框安装间隙表　　　　　　　　　　　表 6-7

墙体饰面层材料	洞口与窗框间隙（mm）	墙体饰面层材料	洞口与窗框间隙（mm）
清水墙	10	墙体外饰面贴釉面瓷砖	20～25
墙体外饰面抹水泥砂浆或贴马赛克	15～20	墙体外饰面贴大理石或花岗岩板	40～50

6.5.3　门窗进场及安装

塑料门窗运到现场后，应由现场材料及质量检查人员按照设计图纸进行品种、规格、数量、制作质量以及是否有损伤、变形等进行检验，如发现数量、规格不符合要求，制作质量粗劣或有开焊、断裂等损坏，应予更换。

塑料门窗安装的工艺流程见图 6-37。

将不同规格的塑料窗搬到相应的洞口旁竖放，当发现保护膜脱落时，应补贴保护膜。见图 6-38。

固定片安装应在检查窗框上下边的位置及其内外朝向，并确认无误后，再安装。安装时应先采用直径为 $\phi 3.2$ 的钻头钻孔，然后将十字槽盘头自攻螺钉 M4×20 拧入，并不得直接锤击钉入；固定片的位置应距窗角、中竖框、中横框 150～200mm，固定片之间的距离应小于或等于 600mm（见图 6-39），不得将固定片直接装在中横框、中竖框的挡头上。

窗框上安铁件

↓

立窗框

↓

窗框与墙体固定

↓

嵌缝密封

↓

安装窗扇

↓

安装玻璃

↓

镶配五金件

↓

清洗、保护

图 6-37　塑料门窗
安装工艺流程

窗框安装前，检查窗框是否有毁坏、保护膜脱落现象，如有脱落应重新贴保护膜，窗框如有毁坏应返厂重新加工

固定片的厚度应大于或等于1.5mm，最小宽度应大于或等于15mm，表面进行镀锌处理

图 6-38　窗框保护膜脱落

图 6-39　固定片安装

木楔或垫块固定在竖向框下和边框下，较长的窗框中间及受力较大位置应设垫块

图 6-40　窗框下支撑木楔效果图

应测出各窗口中线，并应逐一做出标记。多层建筑，可从高层一次垂吊。当窗框装入洞口时，其上下框中线应与洞口中线对齐，窗的上下框四角及中横框的对称位置应用木楔或垫块塞紧作临时固定（见图 6-40）。

在安装过程中，施工单位应按工序进行自检，在自检合格的基础上，应由验收部门进行抽检，检查数量按不同门窗品种、类型的樘数，各抽查 5%，并均不少于 3 樘。

6.6　建筑给水排水及采暖工程施工质量验收规范

6.6.1　总则

建筑给水排水及采暖工程施工中采用的工程技术文件、承包合同文件对施工质量验收

的要求不得低于《建筑给水排水及采暖工程施工质量验收规范》GB 50242—2002 的规定。且应与《建筑工程施工质量验收统一标准》GB 50300—2013 配套使用。建筑给水排水及采暖工程施工质量除应符合本规范规定外，尚应符合国家现行有关标准、规范的规定。

6.6.2 给水排水系统定义

（1）排水系统：通过管道及辅助设备，把屋面雨水及生活和生产过程所产生的污水、废水及时排放出去的网络。见图 6-41。

（2）给水系统：通过管道及辅助设备，按照建筑物和用户的生产、生活和消防的需要，有组织地输送到用水地点的网络。见图 6-42。

（3）热水供应系统：为满足人们在生活和生产过程中对水温的某些特定要求而由管道及辅助设备组成的输送热水的网络。

排水管道接头用胶应符合设计要求，保证无渗漏，不开裂；排水管保证有5‰的坡度，支架安装牢固

图 6-41　排水管道效果图

（4）支架是限制管道在支撑点处发生径向和轴向位移的管道支架。见图 6-43。

图 6-42　给水系统示意图

支架预埋件设置在钢筋混凝土墙、梁和楼板中，安装单位要依据土建单位给定的标高线(50线)按设计要求进行预埋

图 6-43　支架效果图

6.6.3 管道安装

一般规定：给水管道必须采用与管材相适应的管件。生活给水系统所涉及的材料必须达到饮用水卫生标准要求。

管道安装避让原则：分支管道让主干管道，小口径管道让大口径管道，有压管道让无压管道，低压管道让高压管道，常温管道让高温管道或低温管道。

螺纹连接管道：不得有毛刺和乱丝，断丝和缺丝的尺寸不得超过螺纹全扣数长度的10%，在纵方向上不得有短缺相通现象。见图 6-44。

管道金属软管连接：直线段超过规定长度时按设计要求加设金属软管，两根金属软管在同一位置，安装空间小时，应错开安装，保证安装空间。见图 6-45。

安装螺纹零件时应向旋紧方向一次装紧，露出2～3扣，不得倒回，被破坏的镀锌层表面及管螺纹外露部分应作防腐处理

图 6-44　螺纹管道

当层高小于等于4m时，每层设置伸缩节；当层高大于4m时，应根据管道设计伸缩量和伸缩节最大允许量确定伸缩节的位置

图 6-45　伸缩节

排水管应为小口径排水管坡向大口径排水管，支管坡向总管，水平坡度应符合设计要求，由低点向高点拉细线安装

图 6-46　管道坡度控制效果图

管道安装坡度控制：管道水平安装的坡度应符合设计要求，当设计未注明时，给水水平管坡度应为2‰～5‰；热水、采暖及汽水同向流动的蒸汽管道和凝结水管道，坡度应为3‰，不得小于2‰；汽水逆向流动的蒸汽管道坡度不应小于5‰。见图6-46。

管道阀门设置及安装：阀门安装在操作方便的部位，阀芯应朝上；有方向要求的阀门按介质的流向指示安装，见图6-47。设备与管道连接处应采用软接头，不得强伸硬接。

给水排水系统中的色标色环，除按设计要求外，常规色标为：给水管绿色，压力排水管黑色，消防喷淋管大红色。见图6-48。

在设备出入口，过滤器应按介质的流向装在控制阀的后端，其排污口向下，止回阀应装在控制阀的前端，不得反装

图 6-47　管道阀门安装效果图

在明显部位规范标明流向指示箭头和文字标记以指示有关管道的水流向

图 6-48　管内流向及文字标记

6.6.4　卫生器具安装

排水塑料管主管管径大于或等于110mm时，在楼板贯穿部位加设阻火圈或长度不小于500mm的防火套管，在防火套管周围加设水泥阻火圈；排水立管及水平干管均按规范进行通球试验，洁具安装时对每根给水排水管进行通水试验，确认无堵塞和泄漏情况下方可安装洁具。见图6-49。

地面打眼后，安装膨胀螺栓前，应先灌防水胶，再插入螺栓以防渗漏。见图6-50。

地漏的安装应平整、牢固，低于排水表面5mm用水泥浆补边，周边无渗漏，四周均向地漏处找坡

图6-49　给水排水管道安装效果图

将下水管承口内抹上油灰，蹲便器位置下铺垫白灰膏，然后将排水口插入排水管承口内稳好，用水平尺放在蹲便器上沿，纵横双向找平、找正

图6-50　器具固定效果图

6.6.5　管道保温与防腐

管道保温采用套管或保温棉等，管道刷油漆应按照设计要求进行，当设计无要求时，钢管一般刷防锈漆两遍，面漆一遍。见图6-51。

6.6.6　吊顶内设备管道安装

安装前，根据装修标高要求对安装管线进行综合平衡，使其满足装修吊顶标高要求。

各类手动阀门安装，手柄均不得向下，阀门的安装位置应便于操作、检修、维护，应配合装修在阀门下方开出检修孔。见图6-52。

管道刷漆前将管子架空，做好防污染措施，埋地管道作防腐处理，油漆刷完后进行保温

图6-51　管道保温与防腐

平衡管线保证排水管道的坡度，给水管在翻弯的情况下，高点应设置放气阀，天花板应预留活动检查口

图6-52　顶内设备安装

当采用滑动支架时，滑动面应清洁、平整，有位移的管道，其安装位置应从支撑面中心向位移反方向偏移1/2位移值

图 6-53 地面设备支架

6.6.7 设备机房管道安装

机房施工前，合理安排管线走向，要求既满足使用功能，又保证观感质量；管道与设备连接处，应设置独立的支架。见图 6-53。

6.6.8 消火栓安装

消火栓安装时，其栓口距地面高度应为 1.1m，栓口应朝外，消火栓阀门中心距箱侧面 140mm，距箱后内表面 100mm，消火栓栓头及配管安装完成后，消火栓内的预留孔要进行封闭。见图 6-54。

安装前，洞口应弹线找规矩，标高准确，箱门应贴保护膜，箱框做好防腐处理，以防被污染。搬运、装卸时应轻抬、轻放，严禁局部受力。见图 6-55。

系统必须进行水压试验，试验压力为工作压力的1.5倍，但不得小于0.6MPa

图 6-54 消火栓预留孔封堵

安装前，检查立面门洞口位置的准确度，并在墙上弹出垂直线，结合室内标高(500mm)线控制高度

图 6-55 明装消火栓箱

6.7 钢结构工程施工质量验收规范

6.7.1 总则

本规范适用于建筑工程的单层、多层、高层以及网架、压型金属板等钢结构工程施工质量的验收。钢结构工程施工中采用的工程技术文件、承包合同文件对施工质量验收的要求不得低于规范的规定。应与现行国家标准《建筑工程施工质量验收统一标准》GB 50300—2013 配套使用。

6.7.2 一般规定

钢结构工程施工单位应具备相应的钢结构工程施工资质，施工现场质量管理应有施工技术标准、质量管理体系、质量控制及检验制度，施工现场应有经项目技术负责人审批的施工组织设计、施工方案等技术文件。见图6-56。

必须是国家颁发的资质证书，所承包工程应符合资质等级

图6-56 资质证书

防火涂料涂装前钢材表面除锈及防锈应符合设计要求和国家现行有关标准的规定。钢结构防火涂料的粘结强度、抗压强度应符合国家现行标准《钢结构防火涂料应用技术规程》CECC 24—1990 的规定。薄涂型防火涂料的涂层厚度应符合有关耐火极限的设计要求。见图 6-57。

单层钢结构安装的测量校正、高强度螺栓安装、负温度下施工及焊接工艺等，应在安装前进行工艺试验或评定，并应在此基础上制定相应的施工工艺或方案。安装时，必须控制屋面、楼板、平台等的施工荷载。在形成空间刚度单

涂装前，钢结构表面不应有焊渣、焊疤、灰尘、油污、水和毛刺等。构件表面不应误涂、漏涂，涂层不应脱皮和泛锈等。涂层应均匀，无明显皱皮、流坠、针眼和气泡等

图6-57 钢结构涂装工程

元后，应及时对柱底板和基础顶面的空隙进行细石混凝土、灌浆料等二次浇灌。见图6-58。

焊条、焊丝、焊剂等焊接材料与母材的匹配应符合设计要求及国家现行行业标准钢结构焊接规范 GB 50661—2011 的规定。T 形接头、十字接头、角接接头等要求熔透的对接

图 6-58　单层钢结构安装工程

和角对接组合焊缝，其焊脚尺寸不应小于 $t/4$（t 为板件厚度）。见图 6-59。

焊接 H 型钢的翼缘板拼接缝和腹板拼接缝的间距不应小于 200mm。翼缘板拼接长度不应小于 2 倍板宽，腹板拼接宽度不应小于 300mm，长度不应小于 600mm。见图 6-60。

图 6-59　钢结构焊接效果图

图 6-60　H 型钢接缝

6.7.3　钢结构验收

根据现行国家标准《建筑工程施工质量验收统一标准》GB 50300—2013 的规定，钢结构作为主体结构之一应按子分部工程竣工验收；当主体结构均为钢结构时应按分部工程竣工验收。大型钢结构工程可划分成若干个子分部工程进行竣工验收。

6.8 建设工程项目管理规范

6.8.1 施工项目管理概述

项目是指为达到符合规定要求的目标，按限定时间、限定资源和限定质量标准等约束条件完成的，由一系列相互协调的受控活动组成的特定过程。

项目的基本特征是：一次性，目标的明确性，具有独特的生命周期，整体性和不可逆性。

建设项目是项目中最重要的一类。建设项目是指需要一定量的投资，按照一定的程序，在一定时间内完成，符合质量要求的，以形成固定资产为明确目标的特定过程。

建设项目管理是指建设单位为实现项目的目标，运用系统的观点、理论和方法对建设项目进行的决策、计划、组织、控制、协调等管理活动。

施工项目管理是指建筑企业运用系统的观点、理论和方法对施工项目进行的决策、计划、组织、控制、协调等全过程的全面管理。施工项目管理与建设项目管理的区别见表 6-8。

施工项目管理与建设项目管理的区别 表 6-8

区别特征	施工项目管理	建设项目管理
管理主体	建筑企业或其授权的项目经理部	建设单位或其委托的工程咨询(监理)单位
管理任务	生产出符合需要的建筑产品,获得预期利润	取得符合要求的能发挥应有效益的固定资产
管理内容	涉及从工程投标开始到交工与保修期满为止的全部生产组织与管理及维修	涉及投资周转和建设全过程的管理
管理范围	由工程承包合同规定承包范围,可以是一个建设项目,也可以是单项(位)工程	由可行性研究报告评估审定的所有工程,是一个建设项目

6.8.2 建筑安装工程费

建筑安装工程费由直接费、间接费、利润和税金组成（见图 6-61）。直接费由直接工程费和措施费组成，间接费由规费和企业管理费组成。

图 6-61　建筑安装工程费的组成

图 6-62 施工项目管理的内容

6.8.3 施工项目管理内容

建立施工项目管理组织、编制施工项目管理规划、进行施工项目的目标控制、施工项目的生产要素管理、施工项目合同管理、施工项目信息管理、施工现场管理、组织协调。见图 6-62。

6.8.4 施工项目合同

施工项目经理部是一个管理组织体，要完成项目管理任务和专业管理任务；凝聚管理人员的力量，调动其积极性，促进合作；协调部门之间、管理人员之间的关系，发挥每个人的岗位作用，为共同目标进行工作；贯彻组织责任制，搞好管理；及时沟通部门之间，项目经理部与作业层之间，与公司之间，与环境之间的信息。见图 6-63。

图 6-63 项目经理部管理组织体

6.8.5 双代号网络计划

按工作计算法在网络图上计算 6 个工作时间参数，必须在清楚计算顺序和计算步骤的基础上，列出必要的公式，以加深对时间参数计算的理解。时间参数的计算步骤如下。

（1）最早开始时间和最早完成时间的计算

工作最早时间参数受到紧前工作的约束，故其计算顺序应从起点节点开始，顺着箭线方向依次逐项计算。以网络计划的起点节点为开始节点的工作最早开始时间为零。

（2）确定计算工期 T_c

计算工期等于以网络计划的终点节点为箭头节点的各个工作的最早完成时间的最大值。当网络计划终点节点的编号为 n 时，计算工期：$T_c = \max\{EF_{i-n}\}$

当无要求工期的限制时，取计划工期等于计算工期，即取 $T_p = T_c$。

（3）最迟开始时间和最迟完成时间的计算

工作最迟时间参数受到紧后工作的约束，故其计算顺序应从终点节点起，逆着箭线方向依次逐项计算。

以网络计划的终点节点为箭头节点的工作的最迟完成时间等于计划工期；最迟开始时间等于最迟完成时间减去其持续时间；最迟完成时间等于各紧后工作的最迟开始时间 LS 的最小值。

（4）计算工作总时差

总时差等于最迟开始时间减去最早开始时间，或等于最迟完成时间减去最早完成时间。

（5）计算工作自由时差（见图 6-64）

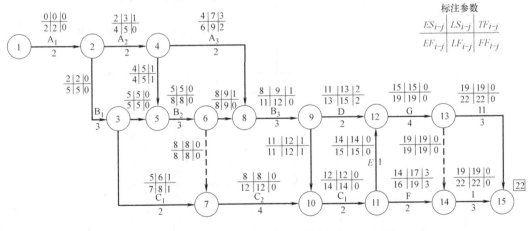

图 6-64 双代号网络图

6.8.6 风险和风险量的内涵

风险指的是损失的不确定性，对建设工程项目管理而言，风险是指可能出现的影响项目目标实现的不确定因素。

风险量指的是不确定的损失程度和损失发生的概率。若某个可能发生的事件其可能的

图 6-65　风险量的区域图

损失程度和发生的概率都很大，其风险量就很大，见图 6-65。

6.8.7　施工安全技术保证体系

施工安全技术保证体系是整个体系的核心环节，组织、制度、投入和信息 4 个环节均是为施工安全技术保证体系的顺利实施服务的。因此，施工安全技术保证体系的构建和完善，是保证安全工作目标顺利实现的关键。见图 6-66。

6.8.8　安全生产

安全生产是一项系统工程，需要各级管理人员的共同参与，做到"管生产必须管安全"；切实落实好各级人员的安全生产责任制，通力合作；做到安全管理要完整、细致、全面地把握各个施工环节，运行控制不脱节，使现场

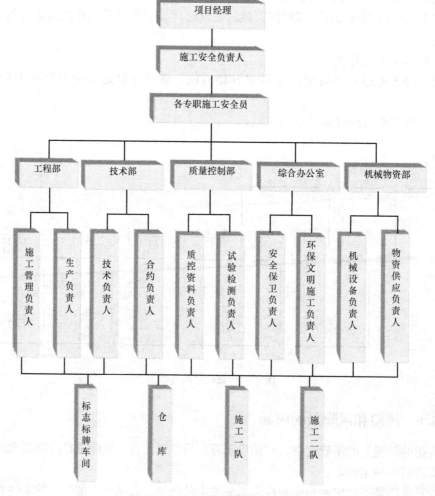

图 6-66　施工安全技术保证体系

安全管理全过程均处于受控状态之中。同时在工作中不断地总结管理经验并应用到实践中去，以使安全生产管理工作真正实现科学化、规范化、标准化。见图 6-67。

图 6-67　安全生产

6.8.9　施工平行承发包模式

施工平行承发包是指建设单位将建设工程的设计、施工以及材料设备采购等任务分别发包给若干设计单位、施工单位和材料设备供应单位。见图 6-68。

图 6-68　施工平行承发包模式

6.8.10 建设工程文件

建设工程文件是反映建设工程质量和工作质量状况的重要依据，是评定工程质量等级的依据，也是单位工程在日后维修、扩建、改造、更新的重要档案材料。见表 6-9。

表 6-9

项　目	内　容
施工文件的归档范围	与工程建设有关的重要活动，记载工程建设主要过程和现状、具有保存价值的各种载体文件，均应收集齐全，整理立卷后归档。具体归档范围详见《建设工程文件归档整理规范》的要求
施工文件归档的时间和相关要求	1. 根据建设程序和工程特点，归档可以分阶段分期进行，也可以在单位或分部工程通过竣工验收后进行。 2. 施工单位应当在工程竣工验收前，将形成的有关工程档案向建设单位归档。 3. 施工单位在收齐工程文件整理立卷后，建设单位、监理单位应根据城建档案管理机构的要求对档案文件完整、准确、系统情况和案卷质量进行审查。审查合格后向建设单位移交。 4. 工程档案一般不少于两套，一套由建设单位保管，一套（原件）移交当地城建档案馆。 5. 施工单位向建设单位移交档案时，应编制移交清单，双方签字、盖章后方可交接

6.9 建设项目工程总承包管理规范

本规范是规范工程总承包管理行为和活动的管理规范，而不是法规性的管理办法（比如规定资质、市场秩序等相关政策）及其实施细则，也不是技术性规范或工作手册。本规范的目的是提高水平、促进三化、推进接轨，即指导思想科学化、规范化、法制化、与国际接轨。

6.9.1 工程总承包的概念

建市〔2003〕30 号对工程总承包的定义为："工程总承包是指从事工程总承包的企业受业主委托，按照合同约定，对工程项目的勘察、设计、采购、施工、试运行（竣工验收）等实行全过程或若干阶段的承包。其主要方式包括 EPC/交钥匙总承包、设计-施工总承包（D-B）、设计-采购总承包（E-P）、采购-施工总承包（P-C）等。"本规范适用范围从总承包合同签订以后起到项目收尾合同终止为止。

6.9.2 设计选用的设备材料

设计选用的设备材料，应在设计文件中注明其型号、规格、性能、数量等，其质量要求必须符合现行标准的有关规定。在施工前，应进行设计交底，说明设计意图，解释设计文件，明确设计要求。

6.9.3 工程总承包的资质

工程总承包项目的施工必须由具备相应施工资质和能力的企业承担。施工应遵循《中华人民共和国建筑法》、《建设工程质量管理条例》和《建设工程安全生产管理条例》等国家有关法律法规和强制性标准的规定，并满足合同规定的技术、质量、安全要求。项目经理负责制（又称项目经理责任制）是以项目经理为责任主体的工程总承包项目管理目标责任制度。建设项目工程总承包管理除应遵循本规范外，还应符合国家有关法律法规及强制性标准的规定。

工程总承包项目管理的主要内容应包括：任命项目经理，组建项目部，进行项目策划并编制项目计划；实施设计管理，采购管理，施工管理，试运行管理；进行项目范围管理，进度管理，费用管理，设备材料管理，资金管理，质量管理，安全、职业健康和环境管理，人力资源管理，风险管理，沟通与信息管理，合同管理，现场管理，项目收尾等。项目部应严格执行项目管理程序，并使每一管理过程都体现计划、实施、检查、处理（PDCA）的持续改进过程。工程总承包项目生命周期发展的规律如图 6-69 所示。

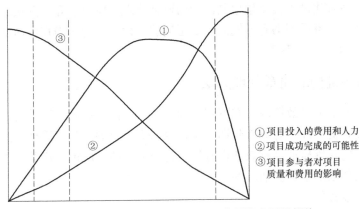

①项目投入的费用和人力
②项目成功完成的可能性
③项目参与者对项目质量和费用的影响

图 6-69 工程总承包项目生命周期发展的规律

6.9.4 项目策划及计划

进行项目策划，编制项目计划，召开开工会议；发表项目协调程序，发表设计基础数据；编制设计计划、采购计划、施工计划、试运行计划、质量计划、财务计划和安全管理计划，确定项目控制基准等。工程总承包企业应建立和完善项目资源管理机制，促进项目人力、设备、材料、机具、技术、资金等资源的合理投入，适应工程总承包项目管理需要。

6.10 建设工程质量检测管理办法

说《建设工程质量检测管理办法》或许部分人有点模糊，但是和你说建设部 141 号令，你懂了吗？该办法重在对检测机构有了全新的管理和监督办法，以及资质的认定和违规作业的处理办法。已于 2005 年 8 月 23 日经第 71 次常务会议讨论通过，自 2005 年 11 月 1 日已经开始施行。该管理办法是根据《中华人民共和国建筑法》、《建设工程质量管理条例》制定的。

《中华人民共和国建筑法》于 1997 年 11 月 1 日第八届全国人民代表大会常务委员会第二十八次会议通过，1997 年 11 月 1 日以中华人民共和国主席令第 91 号公布，自 1998 年 3 月 1 日开始施行。明确了建筑施工许可证及从业资格，建筑工程发包及承包，最后对安全生产和工程质量管理做了细致的规定和相关法律处罚依据。

6.10.1　建设工程质量管理条例

《建设工程质量管理条例》于2000年1月10日经国务院第25次常务会议通过，准予发布，自发布之日起施行。为了加强对建设工程质量的管理，保证建设工程质量，保护人民生命和财产安全，本条例所称建设工程，是指土木工程、建筑工程、线路管道和设备安装工程及装修工程。

6.10.2　检测机构的资质

申请从事对涉及建筑物、构筑物结构安全的试块、试件以及有关材料检测的工程质量检测机构资质，实施对建设工程质量检测活动的监督管理，应当遵守本办法。检测机构资质证书有效期为3年。资质证书有效期满需要延期的，检测机构应当在资质证书有效期满30个工作日前申请办理延期手续。

6.10.3　检测机构的违章处理办法

检测机构在资质证书有效期内没有下列行为的，资质证书有效期届满时，经原审批机关同意，不再审查，资质证书有效期延期3年，由原审批机关在其资质证书副本上加盖延期专用章；检测机构在资质证书有效期内有下列行为之一的，原审批机关不予延期：

（1）超出资质范围从事检测活动的；

（2）转包检测业务的；

（3）涂改、倒卖、出租、出借或者以其他形式非法转让资质证书的；

（4）未按照国家有关工程建设强制性标准进行检测，造成质量安全事故或致使事故损失扩大的；

（5）伪造检测数据，出具虚假检测报告或者鉴定结论的。

任何单位和个人不得明示或者暗示检测机构出具虚假检测报告，不得篡改或者伪造检测报告。检测人员不得同时受聘于两个或者两个以上的检测机构。

检测机构跨省、自治区、直辖市承担检测业务的，应当向工程所在地的省、自治区、直辖市人民政府建设主管部门备案。

检测机构应当单独建立检测结果不合格项目台账。

《房建施工实战系列课程》

《房建施工实战系列课程》针对施工一线人员和高级管理人员的职业特点和工作需要，选取施工人员日常必备的职业技能进行讲解，内容来自一线，接近实战。

本视频系列课程一共包含 47 门独立课程和 9 个课程套餐，既可以单独购买，又可以根据自己工作需要以较低的价格成套购买。每个课程都提供了一段免费课程内容让大家观看，以便了解该课程内容。

读者可访问 www.cabplink.com 观看或购买本视频课程（路径如右图）。现在购买视频，可以赠送中国建筑工业出版社出版的施工类图书。

读者还可扫描建工社视频课程二维码观看并购买本视频课程（路径如下）。

建工社视频课程